改訂版 方程式のはなし

●式をたて 解くテクニック

大村 平 著

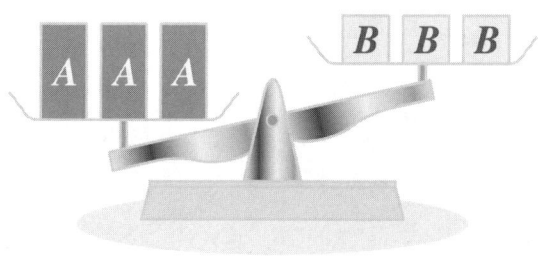

日科技連

まえがき

　数学を基礎とする知識で身をたてるつもりもなく，ましてや数学者になるつもりなど毛頭ない人たちにとって，学校の数学教育は，煩わしくて仕方がありません．たし算，引き算，掛け算，割り算くらいを知っていれば，日常生活にはことかかないのに，なぜ因数分解や微分，積分などを学ばねばならないのかと愚痴のひとつも言いたくなります．

　けれども，この疑問は数学だけに限ったことではないでしょう．歴史も，化学も，漢文も私たちの日常生活にすぐ役立つことだけを教えているわけではありません．なぜ日常生活に直接は必要のないこれらのことを私たちは学ばねばならないのでしょうか．この疑問に対して，知識のレベルを，安全に生きるために必要な知識，生活の糧を得るために役立つ知識，知的な楽しみを得るための知識の3段階に分けて答えようとする試みもありますが，私は端的に言えば，物事の本質を見抜く力を養うためにこれらのことを学ぶのであり，本質を見抜く力がつくことによって数学も歴史も化学も漢文も私たちの生活に直接寄与しているのだと思っています．

　そして手前ミソだと言われるかもしれませんが，本質を見抜く力の訓練には，ほんとうは数学が一番役に立つはずだと私は思うのです．なぜかというと……　数学の第一歩は式を作ることから始まります．そして式を作るためには，本質的なことも，本質的でないこともごちゃごちゃに入り乱れた現実の問題から本質的なことがらだけを取り出して，それを式に書き表わさなければなりません．つ

まり，式をたてるには現実の問題の中から本質的なものを抽象する'数学の目'が必要なのです．本質を見抜く'数学の目'がなければ式を作ることができないはずです．逆に言えば，式をたてること自体が本質を見抜く目の訓練そのものであると言うことさえできそうです．そういうわけですから，この本では，少々しつこくなるかもしれませんが，現実の問題を数学の目で観察して本質を見抜き，式を作る過程にも多くのページをさいてみたいと思います．

　数学の目を訓練して問題解決のための式をたてたら，つぎには式を解かなければなりません．式を解かないと問題が解決しないからです．したがって，式を解くことも数学としては重要なテーマです．ふつうの数学の参考書は，式を解く手法の解説にのみ重点をおきすぎていると思われるくらいです．式をたてるまでの'数学の目'に対して，こちらは'数学の手'と呼べるかもしれません．そこでこの本でも1次方程式とか2次方程式とか不等式とかの一般的な解き方や証明のしかたを対象に'数学の手'のルールもご紹介しようと思います．いずれのルールも中学か高校の数学の教科書のどこかには書かれていることなのですが，一冊の本にまとめられたものはあまり見当たりませんから，式の解き方の総ざらえの感じで読み下していただければ，お役に立つこともあるのではないかと期待しています．

　最後に，いつものことながら，この本のシリーズの誕生に力を注いでくださる日科技連出版社の山口忠夫さんに紙上を借りてお礼を申し上げたいと思います．よい本は出版社と著者と，そして読者の皆さんとが協力して作り上げるものでしょうから．

1977年8月

大　村　　平

まえがき

　この本が世に出てから，もう，40年近い歳月が流れました．その間に，思いもかけないほど多くの方々がこの本を取り上げていただいたことを，心からうれしく思っています．ところが，その間の社会環境などが変化したため，文中の題材や記述に不自然な箇所が目につくようになってきました．そこで，そのような部分だけを改訂させていただきました．今後ともこの本が，さらに多くの方のお役に立てれば，これに過ぎる喜びはありません．

　なお，改訂にあたっては，煩雑な作業を出版社の立場から支えてくれた，塩田峰久取締役に深くお礼を申し上げます．

2014年4月

大　村　　　平

目　　次

まえがき ……………………………………………………… *iii*

I　式をたてる ……………………………………………… *1*

せんじつめる …………………………………………… *1*

モデル化する …………………………………………… *4*

焦点を絞る ……………………………………………… *6*

数学モデルを作る ……………………………………… *11*

式をたてる ……………………………………………… *13*

文字を使う ……………………………………………… *16*

解くよりもたてるが勝ち ……………………………… *19*

II　式のネーミング ……………………………………… *24*

つるかめ算の式 ………………………………………… *24*

年齢算の式 ……………………………………………… *27*

混合算の式 ……………………………………………… *30*

答が2つもある式 ……………………………………… *34*

関係を表わす式 ………………………………………… *37*

式の命名法 ……………………………………………… *40*

Ⅲ 式を分類する ... 44

方程式のはなし ... 44

$A \neq B$ は不等式か ... 48

同類項は集める ... 51

理が有るとか無いとか ... 54

式を分類する ... 58

Ⅳ くせだらけの式 ... 61

こま切れの方程式 ... 61

キセルの方程式 ... 65

条件付きの方程式 ... 72

ぐるぐる回りの方程式 ... 76

絶対値入りの方程式 ... 81

ばらつきの方程式 ... 85

比　例　式 ... 89

1とみなして作る方程式 ... 94

Ⅴ 式を運算する ... 98

$1 + 1 = 3$ ... 98

式を展開する ... 102

式の割り算 ... 108

剰　余　定　理 ... 112

ゼロでは割るな ... 115

分数式の加減乗除 ... 119

因数分解は神様です ... 122

目　　次

展開を逆用すれば ……………………………………………… *127*

因数分解あの手この手 ………………………………………… *131*

剰余定理ごふんとう …………………………………………… *135*

Ⅵ 方程式を解く …………………………………………… *141*

天秤がぴたり …………………………………………………… *141*

1次方程式を解く ……………………………………………… *147*

2次方程式にアタック ………………………………………… *149*

2次方程式を解く ……………………………………………… *153*

2次方程式の根のさまざま …………………………………… *157*

3次方程式にアタック ………………………………………… *163*

3次方程式を解く ……………………………………………… *166*

4次方程式までは解ける ……………………………………… *171*

分数式を解く …………………………………………………… *175*

無理方程式を解く ……………………………………………… *179*

Ⅶ 連立方程式を解く ……………………………………… *183*

方程式はいくつ必要か ………………………………………… *183*

連立方程式を解く ……………………………………………… *186*

未知数と同数の方程式を ……………………………………… *188*

方程式がたりないと不定 ……………………………………… *192*

方程式が多すぎると不能 ……………………………………… *198*

連立方程式のへんな話 ………………………………………… *201*

解, 不能, 不定を目で見る …………………………………… *205*

VIII 不等式を解く ……………………………………… *213*

不等式は大小関係 ……………………………………… *213*

不等式の計算 ……………………………………… *215*

幾何平均は算術平均より小さい ……………………………………… *219*

不等式を解く ……………………………………… *222*

分数不等式を無理に解く ……………………………………… *225*

連立不等式を解く ……………………………………… *230*

当確のはなし ……………………………………… *235*

付　　録 ……………………………………… *238*

71ページのクイズの答 ……………………………………… *238*

112ページの割り算の別のスタイル ……………………………………… *239*

展開と因数分解のための公式 ……………………………………… *239*

3次方程式の3つの根 ……………………………………… *240*

カット──佐々岡秀夫

I 式をたてる

せんじつめる

「人間は，せんじつめれば，消化器と生殖器からなりたっているのだ」と不埒なことを言った詩人*がいます．人間の本質を厳しく風刺した名言なのかもしれませんが，しかし，なにもそこまで，せんじつめなくてもよさそうにも思えます．食い気と色気だけが人間を支配しているのだと極言されてしまうと，詩も夢もなくなってしまうではありませんか．「人はパンのみに生くるにあらず」**とか「人間は考える葦である」***とか，ひと言，ふた言，反抗してみたくもなろうというものです．

人間を消化器と生殖器にまでせんじつめるのは少々せんじつめす

---

* レミ・ド・グールモン(1858～1915)，フランスの文芸評論家，詩人．
** イエス・キリストの最も有名な言葉．——新約聖書「マタイ伝」より
*** 人間は一本の葦にすぎない．自然のうちで最も弱いものである．だが，それは考える葦である．——ブレーズ・パスカル(1623～1662)

ぎの感じですが，けれども，多様化し複雑にからみ合った近代社会の中にあって，いつも正しい判断をしてゆくためには，実は，「せんじつめる」ということが非常に重要な意味を持っているのです．たとえ話として，つぎのような例を考えてみましょう．

よもやま話のつもりで，隣り合った男に「どのようなお宅にお住いですか」と尋ねてみたと思ってください．一戸建の家だろうか，マンションだろうか，豪華な邸宅かしら，それとも小じんまりした住いかしら，という程度の関心があったからです．

ところが，その男の返事……「私の家にはですね，12畳くらいの大きさのLDKがありましてね，部屋の広さの割に電灯が暗いものですから，こんどワット数の大きな電灯に取り換えようと思っているのです．この部屋の壁には大きな油絵がかかっています．数年前に出版社の知人が描いたのをもらったのですが……．この油絵はだいぶ，ほこりで汚れてしまいました．汚れた油絵をきれいにするには，どうしたらよいのでしょうか．そういえば，私の家の外板も，ずいぶん汚れています．なにしろ3〜4年も前にペンキを塗り換えたままですから……．」

あなたはそろそろ，いらいらとしはじめます．オレが聞きたいのは，そんなことじゃない，もっと要領よく，かいつまんで話してくれればいいのに……．けれども，男はさらに話を続けます．「外板のペンキも色あせてきましたが，もっと困ったことに，2階の雨戸の戸袋に小鳥が巣を作ってしまったのです．何という鳥でしょうか．すずめよりひとまわり大きく，尾が短くて，するどい声で鳴く野鳥なのですが，戸袋の中に水色のきれいな卵を5〜6個も生んでしまいましてね．巣をこわすのも可哀そうだから，そのままにし

ておいたら戸袋の周囲が白いふんですっかり汚れてしまいました．まったく閉口です……．」

聞かされているあなたもまったく閉口しはじめます．油絵の話や，野鳥が戸袋に巣をかけた話など，話題がいくらか興味があるのが救いですが，それにしても，「どのようなお宅にお住いですか」という問いに対しては，断片的には答えているのですが，散漫で，冗長で，この調子では「住んでいるお宅」の概要を理解するのに長時間の辛抱をしなければなりません．

このようなとき，この男が，「住んでいるお宅」の説明の中で枝葉末節の部分を切り捨て，本質的な部分だけにせんじつめ，「私の家は木造2階建で，新築してからもう10年にもなります．1階には12畳大のLDKと6畳の和室，2階には6畳の和室が2つあり，庭がやや狭いのが難点ですが，緑と野鳥には恵まれています」と答えてくれたとしたら，たった20～30秒くらいで「住んでいるお宅」のイメージがあなたの頭の中に鮮明に描き出されることでしょう．この際，LDKの電灯の暗さや，油絵のほこりや，野鳥のふんによる汚れは，確かに「住んでいるお宅」の状況を説明する事実にはちがいないのですが，「住んでいるお宅」の概要を説明するうえでは，さして重要ではないので，「住んでいるお宅」を端的に表現するためには，思いきって切りすててしまうほうが得策なのです．

私たちが，何らかの問題点を把握したり，判断したり，決断したりしなければならないとき，いろいろな要因が複雑にからみ合いながら関係していて，何が要点かわかりにくいことが少なくありません．こういうときには，問題の本質とかかわりの少ない要因は，思いきりよく切りすてて，重要な要因だけにせんじつめる必要があり

ます．

モデル化する

あなたが目を覚ましてから通学か通勤のために家を出るまでの行動をせんじつめて説明してください．普通は洗面も朝食もすませて家を出るのですが，時には寝すごして朝食を抜いてしまったり，ひどいときには洗面さえも，省略してしまったりする行動を，せんじつめて説明してほしいのです．

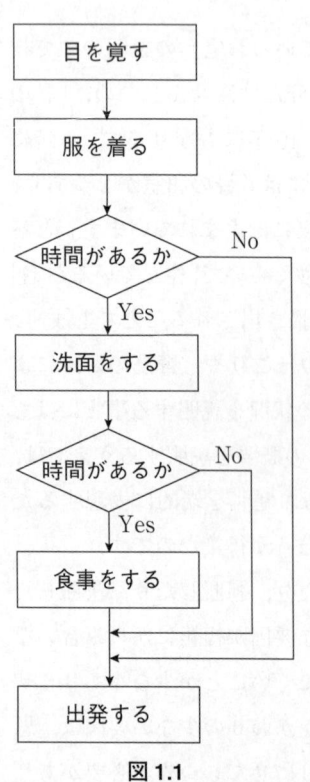

図 1.1

たとえば，つぎのようになるのではないでしょうか．「目を覚ましたら，まず服を着ます．そして時間に余裕がなければ，ただちに出発しますが，時間があれば洗面をします．ここで時間がなくなってしまえば出かけるのですが，さらに余裕があれば，食事をすませてから家を出ます．」

この説明は，かなりせんじつめられています．「目が覚めたら，まぶたをこすり，首をゆすって頭をクリアーにし……」などという冗長な説明も「まず服を着ます，裸で道路へ出るわけにはいかないからです」などの蛇足も省略して，本筋だけにせんじつめられて

いるので，朝の行動の要点がよくわかります．

　朝の行動の要点は，図1.1のように描いてみると，もっと整然と理解することができます．図の中の長方形や，ひし形は，判断や行動の流れを図示するときにもちいられる記号*で，長方形は処理を，ひし形は判断を表わすのですが，それを気になさる必要はありません．矢印に沿って，判断や行動を追っていただけばよいのです．矢印を追ってみてください．実に整然と朝の行動が表現されているではありませんか．

　図1.1は，朝の行動を表わす**図式モデル**なのです．図式モデルという単語は，聞き馴れない方には，奇異な感じかもしれませんが，朝の行動をモデル化して，図示したものだと軽く考えておいてください．この図のように判断や，行動の流れを描いた図式モデルを特にフロー・チャートなどと呼んでいます．

　そういえば，家の部屋の配置を描いた間取り図なども典型的な図式モデルです．私の家は2階建てで，1階には12畳大のLDKと6畳の和室，2階には6畳の和室が2つ……などといっても，部屋の配置の位置関係や，廊下や入口がどうつながっているかはわからないし，玄関やトイレなども，どこにあるのかさっぱりわかりません．こういうとき，図1.2のような間取り図が，部屋や廊下や階段や，その他の位置関係を雄弁に物語ってくれます．この図が物語っている内容を文章で説明してみてください．数ページを費やしても完全には言い尽くせないでしょう．

＊　判断や行動の流れ図（フロー・チャート）を描くための記号は，JIS規格（日本工業規格）によって，処理，判断，準備，表示，データなどなどが決められています．

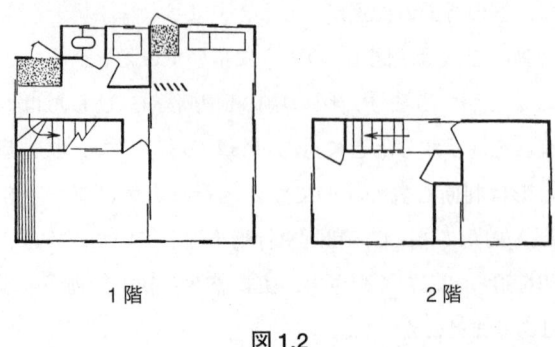

1階　　　　　　　　　2階

図1.2

　さらに，同じ縮尺で家具類のモデルをボール紙から切り抜き，間取り図の上に配置してみてください．ここに応接セットを置くと入口の戸が開かなくなるとか，応接セットとピアノとの間は普通の体格の人なら楽に通れるとか，いろいろなことを検討することができます．

焦点を絞る

　前節の図1.2に描かれた図式モデルは，「私の家」をうんとせんじつめてできたものです．「私の家」から，屋根の形も外板の色も，窓の高さも，水道の配管も，間取りに関係ない部分は，思いきりよく捨てて，せんじつめた結果でき上がったものです．でも，なぜ屋根の形や外板の色や，窓の高さなどを切り捨ててしまってよいのでしょうか．それは「私の家」にとって重要なことではないのでしょうか．このあたりのいきさつについて考えを整理しておく必要がありそうです．

I 式をたてる

　私たちの行為には目的があるのがふつうです．モデルを作るのにもいろいろな目的があります．その目的によって，なにが重要でなにを切り捨ててよいかが決まります．たとえば，飛行機や艦船のプラモデルもモデルのひとつですが，本物の飛行機や艦船は大きすぎて部屋に飾って楽しむわけにはいかないので，そっくりそのまま縮小したミニチュアの飛行機や艦船で代用しようというのが目的ですから，外観はそっくりそのままのモデルを作る必要があります，形も色彩もです．けれども，空を飛ばしたり水に浮かべたりするつもりはありませんから，重量や重心はどうでもかまいません．つまり，飛行機や艦船のモデルを部屋に飾ることを目的として作るならば，形や色彩が重要で忠実にモデル化しないといけないのですが，重量や重心に対する配慮は思い切りよく捨ててしまって差支えないのです．

　これに対して，新しい飛行機を作るときによくやる手ですが，あらかじめ飛行機のモデルを作って速い空気の流れの中に支持し，モデルの動きを観察して飛行機のくせを発見しようとするなら，作られるモデルは，色彩などはどうでもよい代わりに，外形と重心の位置などは実際の飛行機と一致していなければなりません．この場合は，外形と重心の位置が重要であり，色彩などは切り捨ててしまってよいのです．このようにモデルを作る目的によって，なにが重要で，なにが不用であるかが決まることは，あたりまえのことではありますが，ぜひ心に留めておいていただきたいと思います．

　話は脇道にそれますが，じょうずな漫画はモデルの見本みたいなものです．不必要な部分は思い切って捨て，重点的に特徴を強調しているので，描かれているもののイメージが強く読者にアピールし

ます。そういう意味で，ただの平凡な写実よりはるかに目的に適しているといえるでしょう。

話を元に戻して，「私の家」をモデル化した6ページの間取り図は，家具類の配置を決めたり，生活のための行動の便利さを検討したりすることを目的にして描いたので，部屋や廊下などの寸法や配置はキチンとモデル化する必要がありますが，屋根の形や外板の色などは切り捨ててしまって差支えないのです。これに対して，「私の家」のモデルを作る目的が北隣りの敷地の日照権をどのくらい犯すかを検討することにあるのなら，こういうモデルでは困ります。こんどは屋根の高さや形などが重要になります。部屋の配置や寸法などは切り捨ててよく，モデルは図1.3のように作らなければなりません。

数ページ前に，目を覚ましてから出かけるまでの行動をせんじつめてモデル化したのを思い出してください。このモデルは文章で書けば「目を覚ましたら，まず服を着ます。そして時間に余裕がなけ

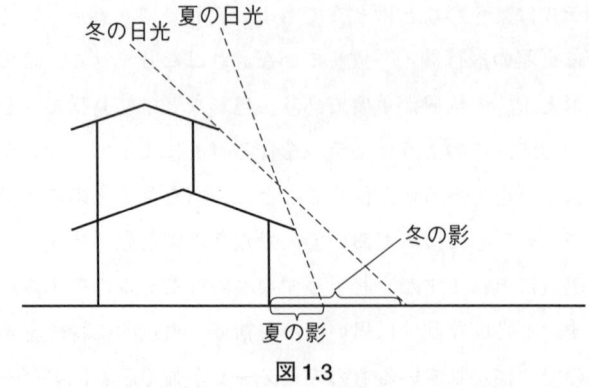

図1.3

ればただちに出発しますが，時間があれば洗面します．ここで時間がなくなってしまえば出かけるのですが，さらに余裕があれば食事をすませてから家を出ます」となるし，図に描けば図 1.1 のようになるのでした．けれども，朝の行動をもっと詳細に観察すれば，「目が覚めたら，まぶたをこすり，首をゆすって頭をクリアーにし……」から始まって「歯みがきをチューブから押し出して歯ブラシに付け……」とか「リビングの時計を見て時刻を確認し……」とか「玄関で靴をはき，玄関の扉をあけて外に出る」までに，非常にたくさんの行為をしています．数ページ前の例では，このような行動の細部は思いきりよく省略して，目を覚ます，服を着る，洗面する，食事をする，出発する，だけでモデルを作ったのですが，モデルを作るときには，どのくらいまでせんじつめてよいものでしょうか．

　本質的に重要なことがらとして，いくつくらいの項目に着目してモデルを作るのがよいかは，モデルを作る目的によって，もちろん異なるのですが，一般的に言えることは，たいていの場合，本質的に重要な項目はせいぜい 10 項目どまりだ，ということです．参考のために，図 1.4 を見てください．左の図は，日本人の死亡の原因を分析＊したものです．日本では 1 年あたり約 110 万人の方が亡くなるのですが，そのうち 30.1％がガンが原因で亡くなっており，また，心臓病では 15.8％，脳疾患では 10.7％の方が死亡するので，

＊　図 1.4 のように，分類された内容を大きい順序に積みあげ，大きいほうから何項目が全体の何パーセントを占めているかを示した図を**パレート図**といい，パレート図を描いて内容の構成を検討することを**パレート解析**といいます．

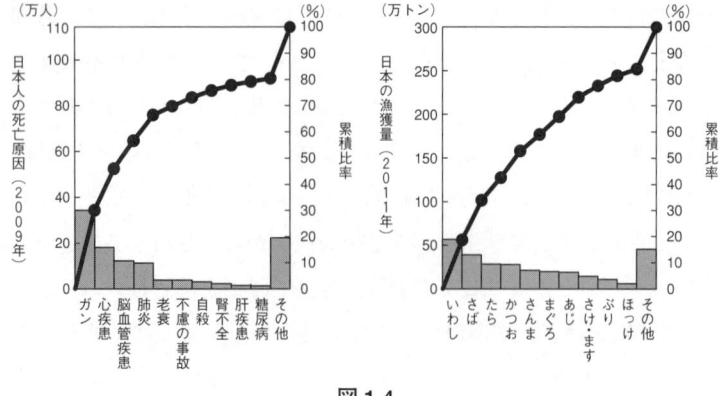

図 1.4

ガン，心臓病，脳疾患の 3 種だけで死亡原因の 60％ 近くを占めていることがわかります．さらに，肺炎，老衰，不慮の事故，自殺，腎不全，肝疾患，糖尿病と続き，この 10 種の原因が全死亡原因の 80％ を占めているのです．人間の死亡原因は，このほか結核とか高血圧性疾患とか喘息とか何十種類もありますが，それらが全死亡原因の中に占める割合は微々たるものにすぎません．もし，日本人の死亡についてモデルを作り，死亡率を下げるための施策を検討しようというなら，そのモデルに採用される死亡原因は 10 個以下が適当です．それ以上の項目を追加するとモデルが複雑になって要点がぼやけてしまうし，その割に効果が上がりません．

　図 1.4 の右の図は，日本の魚類の漁獲量を分析したものです．いわしが圧倒的に多く，それに，さば，たら，かつお，さんまと続くのですが，この 5 種類だけで全漁獲量の 60％ 近くになります．この漁獲量は価格ではなく重量で分析したものですから，日本の漁業について，輸送とか貯蔵のように重量が決め手になるモデルを作る

場合には，いわしを筆頭に5〜6項目を選べば，効率のよいモデルができようというものです．

私たちをめぐる世の中の現象は非常に複雑です．ある現象には厳密に言うと何百何千もの要因が関係しているのがふつうです．けれども，その現象に大きな影響を与えている要因は一般にそれほど多くはありません．せいぜい10個以下の主要な要因を選んでその現象を解明してやれば，現実の問題としてはじゅうぶんであると考えてよいでしょう．

数学モデルを作る

話を進めさせていただきます．暫くぶりで親戚の家庭を訪問しようと思います．手頃な手みやげを買い求めようと和菓子屋に立寄りました．色とりどりの美しい和菓子に思わず生つばを飲みこみます．1個130円の和菓子と180円の和菓子が気に入ったので，それらを混ぜて合計20個買うことにしました．20個の菓子は縦5列横4列の箱に形よく納って見栄えがするし，親戚の家族4人にも公平に配分できるし，自分を含めた5人で分けることもできて万事ぐあいがよいからです．もちろん，値段の総額は130円に130円の菓子の個数を掛けた値と，180円に180円の菓子の個数を掛けた値との合計となることは承知のうえです．値段は，はんぱなのは気に入らないので，ちょうど3000円にしたいのですが，130円の菓子と180円の菓子を何個ずつ買い求めたらよいでしょうか．

答を求めるには話をせんじつめてモデル化する必要があります．モデルを作る目的は，130円の和菓子と180円の和菓子を何個ずつ

買ったら合計20個になり，値段がちょうど3000円になるかを求めることにありますから，目的にとって本質的でない部分は，遠慮なく切り捨てましょう．まず，親戚の家庭を訪問だとか，思わず生つばを飲みこむとかは，モデルを作る目的に関係ありませんからバッサリです．20個は縦5列と横4列で形よく納まるとか，相手の家族4人でも自分を加えた5人でも公平に配分できるとかは，数字が出てくるのでモデルを作る目的にとって重要なのではないかと，ちょっと迷いますが，よく考えてみると，これらは20個だけ買うことに決めた理由にしかすぎず，20個だけ買うと決めたうえで，20個の混ぜ方を求めようとしているモデルの目的には直接的に関与しませんから，不必要です．そして，もちろん，値段は，はんぱなのは気に入らないので……なども，バッサリと切り捨ててよいことは言うまでもありません．こうして不必要な部分を切り捨て，せんじつめてモデルを作るとつぎのようになります．

「130円に130円の菓子の個数を掛けた値と，180円に180円の菓子の個数を掛けた値との合計が3000円になり，130円の菓子の個数と180円の菓子の個数の合計が20個になるような菓子の個数は，それぞれ何個か．」

なんだか，ごつごつして読みにくいですね．そこで，数学の記号の×，＋，＝を借用して書き直してみます．数学のきらいな方でも×，＋，＝くらいなら総身に鳥肌が立つほどでもないでしょう．

130円×(130円の菓子の個数)
　　＋180円×(180円の菓子の個数) ＝ 3000円　　　(1.1)

(130円の菓子の個数)＋(180円の菓子の個数) ＝ 20　　(1.2)

(130円の菓子の個数)と(180円の菓子の個数)はいくつか？

このほうが，**モデル**としては，ずっと整理されて見やすくなりました．このようなモデルを**数学モデル**といいます．答を求めるために必要な情報だけを数学的に記述してあるからです．

式をたてる

せっかく作った数学モデルを利用して答を求めてゆきましょう．まず，式(1.2)の左辺の第2項を右辺に移項します．移項の意味などについては，のちほどご説明する予定ですが，ここでは中学時代の数学のとおり無邪気に運算を進めることにします．

(130円の菓子の個数) = 20 - (180円の菓子の個数)

(1.3)

これを式(1.1)に代入します．

130円×｛20 - (180円の菓子の個数)｝

+ 180円×(180円の菓子の個数) = 3000円　(1.4)

だいぶ，ごみごみしてきましたが，めげずにこの式を整理してゆきます．

130円×20 - 130円×(180円の菓子の個数)

+ 180円×(180円の菓子の個数)

= 130円×20 + (180円の菓子の個数)(180円 - 130円)

= 3000円

したがって

(180円の菓子の個数)(180円 - 130円)

= 3000円 - 130円×20

故に，　180 円の菓子の個数 $= \dfrac{3000 \text{円} - 130 \text{円} \times 20}{180 \text{円} - 130 \text{円}}$

$= \dfrac{3000 \text{円} - 2600 \text{円}}{50 \text{円}}$

$= \dfrac{400 \text{円}}{50 \text{円}} = 8$ \hfill (1.5)

この結果を式(1.2)に代入すると

(130 円の菓子の個数) + 8 = 20

故に

130 円の菓子の個数 = 20 - 8 = 12 \hfill (1.6)

となって，見事に答が求まりました．

見事に答は求まったのですが，反省してみると，この運算はなんと野暮ったいことでしょう．信州の方言でいうなら，なんとも，やぶせったい感じです．きっと(130 円の菓子の個数)とか(180 円の菓子の個数)とか，長たらしい日本語が重苦しいからにちがいありません．そこで

130 円の菓子の個数を　x

180 円の菓子の個数を　y

と書いてみることにします．

x とか y とかにむずかしい意味を塗り込めるのではなく，すなおに(130 円の菓子の個数)と書く代わりに x と書いて代用し，(180 円の菓子の個数)と日本語で書く代わりに簡単に y と書いてしまうのです．そうすると，私たちの数学モデルの式(1.1)と式(1.2)は

130 円 $\times x$ + 180 円 $\times y$ = 3000 円 \hfill (1.7)

$x + y = 20$ \hfill (1.8)

となり，軽やかな表現になります．そして，13ページに書いた式の運算は

式(1.8)から

$$x = 20 - y$$

式(1.7)に代入すると

$$130\,円 \times (20 - y) + 180\,円 \times y = 3000\,円$$

∴ $130\,円 \times 20 - 130\,円 \times y + 180\,円 \times y = 3000\,円$

したがって

$$y(180\,円 - 130\,円) = 3000\,円 - 130\,円 \times 20$$

故に

$$y = \frac{3000\,円 - 130\,円 \times 20}{180\,円 - 130\,円} = \frac{3000\,円 - 2600\,円}{50\,円} = 8 \quad (1.9)$$

という調子です．

さらに，式(1.7)の両辺を円で割り，モデルの形を

$$\begin{cases} 130x + 180y = 3000 & (1.10) \\ x + y = 20 & (1.8)と同じ \end{cases}$$

としておけば，運算はもっと軽やかに流れます．すなわち

式(1.8)から

$$x = 20 - y$$

式(1.10)に代入して

$$130(20 - y) + 180y = 3000$$

∴ $130 \times 20 - 130y + 180y = 3000$

したがって

$$y(180 - 130) = 3000 - 130 \times 20$$

故に

$$y = \frac{3000 - 130 \times 20}{180 - 130} = 8$$

というぐあいで，羽のように軽やかです．

文字を使う

　前の節で，親戚を訪問するときの手みやげの問題について，不必要な部分を切り捨て，「130 円に 130 円の菓子の個数を掛けた値と，180 円に 180 円の菓子の個数を掛けた値との合計が 3000 円になり，130 円の菓子の個数と 180 円の菓子の個数の合計が 20 個になるような菓子の個数は，それぞれ何個か」とモデル化し，それを数学的に記述して

$$\begin{cases} 130\,円 \times (130\,円の菓子の個数) \\ \quad + 180\,円 \times (180\,円の菓子の個数) = 3000\,円 \\ \qquad\qquad\qquad\qquad\qquad\qquad (1.1)\text{と同じ} \\ (130\,円の菓子の個数) + (180\,円の菓子の個数) = 20 \\ \qquad\qquad\qquad\qquad\qquad\qquad (1.2)\text{と同じ} \end{cases}$$

　　(130 円の菓子の個数)と(180 円の菓子の個数)はいくつか？

という数学モデルを作り，さらにそれを

$$\begin{cases} 130x + 180y = 3000 & (1.10)\text{と同じ} \\ x + y = 20 & (1.8)\text{と同じ} \end{cases}$$

　　x と y は，それぞれいくつか？

と書き表わしました．この例からもわかるように，この手の問題では，文章で書いたモデルよりは，数学的に記述した数学モデルのほ

うが，ずっと整理されて見やすくなります．そして，数学モデルの中に(130円の菓子の個数)というような長い言葉が使われていると，運算をするのに不便で困ります．そこで，たとえば，(130円の菓子の個数)を x で代用したように，長い言葉を適当な文字に置き換えると

$$\begin{cases} 130x + 180y = 3000 \\ x + y = 20 \end{cases} \qquad (※)$$

のようなモデルになって，モデルとしてもスマートだし，運算などの処理のためにもぐあいがよくなります．x とか y とかの文字を使うのは，(130円の菓子の個数)などという長い言葉を，見やすく取扱いやすくするためにすぎませんから，怖れる必要は毛頭ないのです．

数学の式に文字を使う目的は，長い言葉を簡単な文字で符丁化してしまうことのほか，つぎのような場合もあります．式(※)は，130円の菓子 x 個と180円の菓子 y 個とを混ぜて合計20個でちょうど3000円にする場合を表わしています．したがって，この式は，130円，180円，20個，3000円の4つの値がそっくりそのままの場合にしか使えません．ずいぶん利用範囲の狭い式です．もっと応用範囲を広げるには，どうしたらよいでしょうか．

それには，たとえば

   a 円の菓子を x 個
   b 円の菓子を y 個
   菓子の合計を N 個
   合計金額を C 円

とでも置き換えてやります．そうすると，式(※)は

$$\begin{cases} ax + by = C \\ x + y = N \end{cases} \qquad (1.11)$$

となり，これを解くと

$$x = N - y$$
$$\therefore \quad a(N - y) + by = C$$
$$aN - ay + by = C$$
$$y(b - a) = C - aN$$
$$\therefore \quad y = \frac{C - aN}{b - a} \qquad (1.12)$$

が得られます．こうしておけば，何円と何円の菓子を混ぜ合わせて，合計で何個にし，総額を何円にする場合にでも使えるではありませんか．私たちの例では，たまたま，a が 130 円，b が 180 円，C が 3000 円，N が 20 個なので，これらの値を式(1.12)に代入してみれば

$$y = \frac{3000\,円 - 130\,円 \times 20}{180\,円 - 130\,円} = 8$$

となったわけです．

 実は，この例は「つるかめ算」の変形なのです．「足が 32 本で頭が 10，つ・る・と・か・め・は何匹ずつか」というヤツです．つぎの

a 円の菓子を	x 個	2 本足の動物を　x 匹
b 円の菓子を	y 個	4 本足の動物を　y 匹
菓子の合計を	N 個	動物の合計を　　N 匹
合計金額を	C 円	足の総計を　　　C 本

を見較べてみてください．なるほど，菓子の詰合せの問題とつるかめ算とは同種の問題であることに合点がいきます．そこで「足が

32本で頭が10」を

$$y = \frac{C - aN}{b - a} \qquad (1.12)と同じ$$

に代入してみると

　　$a = 2$　　（つるの足の数）
　　$b = 4$　　（かめの足の数）
　　$C = 32$　（足の総計）
　　$N = 10$　（つるとかめの合計）

ですから

$$y = \frac{32 - 2 \times 10}{4 - 2} = \frac{12}{2} = 6 \quad （かめの数）$$

となって，かめが6匹，つるが4匹という答が，たちどころに求まります．このように式(1.12)は古くからよく知られたつるかめ算やその変形の問題に，即，利用できるのですが，これだけ広範囲な応用が効くのは，aとかbとか，Nのような文字を使用しているからです．じょうずに文字を使った数学モデルは，長い言葉が簡単な文字で表わされているので，見やすく運算の処理がしやすいばかりでなく，類似の問題に対して広い応用範囲を持つようになるのです．

解くよりもたてるが勝ち

2月上旬の寒い夕方，田町の駅に近いラーメン屋で思い思いにラーメンをすすりながらの若者たちの会話……「今日の問題はやさしかったな．テキストの式を覚えておいたから，わけなく解けた」，「うん，オレもだ．だけどさ，どうしてあんな式になるのかな，オ

レは式がわかれば，因数分解したりなんかして答を出すのは平気なんだけど，どうしてあんな式になるのかさっぱりわからない……」，たぶん近くの伝統ある工業大学の学生たちなのでしょうが，この会話，大いに気になります．

私たちは，前の節までの数ページを費やして，「暫くぶりで親戚の家庭を訪問しようと思います．手頃な手みやげを買い求めようと和菓子屋に立寄りました．色とりどりの美しい和菓子に思わず生つばを飲みこみます．1個130円の和菓子と180円の和菓子が……中略……130円の和菓子と180円の和菓子を何個ずつ買い求めたらよいでしょうか」という状況を設定し，それをせんじつめて「130円に130円の菓子の個数を掛けた値と，180円に180円の菓子の個数を掛けた値との合計が3000円になり，130円の菓子の個数と180円の菓子の個数の合計が20個になるような菓子の個数は，それぞれ何個か」とモデル化し，さらに，いくつかの数学記号を使って

130円×(130円の菓子の個数)
　　+ 180円×(180円の菓子の個数) = 3000円

(1.1)と同じ

(130円の菓子の個数) + (180円の菓子の個数) = 20

(1.2)と同じ

という数学モデルに直しました．つづいて，この式をもっと見やすく，そして取扱いやすくするために

130円× x + 180円× y = 3000円　　　(1.7)と同じ

$x + y = 20$　　　(1.8)と同じ

　　ただし，x：130円の菓子の個数
　　　　　 y：180円の菓子の個数

と書いたのでした．私たちはこういう作業を**式をたてる**とか**式を作る**とか呼んでいます．そして，式ができてしまえば，少なくともこの例では簡単に式が解けて「130円の菓子が12個，180円の菓子が8個」で，めでたく問題が解決するのでした．

　数学者ではない私たちが日常の生活で数学を使うのは，なんらかの問題を解決しなければならないときです．いまの例のように菓子の詰合せの個数を考えたり，遠隔地へ移動するための経費と時間を見積って比較したり，仕入れる商品の種類と量をどのように組合せれば確実に利益が上げられるかを検討したり……です．こういうとき，私たちは式をたて，その式を解いて答を求める必要があります．つまり，日常生活で数学を使いこなすには

　　　　式をたてること

　　　　式を解くこと

の両方が必要になります．ところが，学校の数学教育では「式を解くこと」に重点がおかれていて，「式をたてること」のほうは比較的，軽く取扱われています．「式をたてること」は，現象の因果のすじみちを理解したうえで，その数学モデルを作るということですから，まず，現象の因果のすじみちを理解しなければなりません．この課題は物理や化学などの自然科学や，経済学などの社会科学の中で取扱われることを期待して，ついでに，数学モデルを作る手順も物理，化学や経済学に期待してしまい，数学のほうでは「式をたてること」について手を抜いているのでしょう．そのため，数学の授業中に与えられるのは，問題をめぐる四囲の状況をじゅうぶんにせんじつめてモデル化してあって，あとは数学的に解けばよいだけの問題が大部分です．

「式をたてる」ほうが
「式を解く」より上等

　いっぽう，自然科学や社会科学では「式をたてること」は数学のほうでとっくに習得ずみという前提にたっているらしく，現象の因果のすじみちにだけに焦点を絞ってしまい，「式をたてる」ための考え方や手順について，ていねいな説明をするようなことは，ほとんどありません．そういうわけで，「式をたてること」は，かわいそうなことに数学からもはみ出し，それ以外の科学からも冷たくあしらわれているのが現状です．で，冒頭の大学生の会話のように「式がわかれば，計算をして答を出すのは平気だけど，どうしてあんな式になるのかわからない……」となってしまうのではないでしょうか．

　けれども，「式を解くこと」はできるけれど「式をたてること」ができないのでは，ノコギリやノミを使うのは抜群にじょうずなのに，家屋の組立て方がわからない大工のようなものです．家屋を作

るために材木をいくらの長さに切って,どこにほぞ穴をあけるかを,誰かに指示してもらわないことには,せっかくの腕も振るいようがありません.いくら式を解くのが達者でも式をたてることができないのでは,日常生活に数学を活用しようがないのです.ですから,「式を解くこと」よりは,どちらかといえば「式をたてること」のほうがたいせつです.式をたてることができれば,それだけでも,自然科学や社会科学がわかっている証拠といえるでしょう.

　この章では,問題をとりまく四囲の状況をせんじつめ,焦点を絞ってモデル化し,それを式で表わすことが,自然科学や社会科学の解明に数学を利用するに際して,まず第一にしなければならないことであり,従来ややもすると,それが数学だと思われがちの「式を解くこと」は,そのつぎに位するのだと書いてきました.ひきつづいて,つぎの章以降では,式とは何か,式を計算するためのルールは？　どのように式を解くのか,どのようなとき式は解けるのか,などについて書いてゆく予定です.むずかしいことは言いっこなしで話を進めるつもりですから,最後まで辛抱してお付き合いくださいませ.

II　式のネーミング

つるかめ算の式

　前の章で，ちょっとご紹介した「つるかめ算」は，学校における数学教育のあり方を議論するとき，しばしば引合いに出されます．
　「つるとかめとが合わせて10匹いる．足の数は総計32本であるとき，つるとかめはそれぞれ何匹か」という手の問題を代数を知らない子供たちにやらせるのはどうか，というのです．ある先生は，この手の問題は子供たちにとって不必要なばかりか有害ですらある，と主張しています．代数の力を借りずにこの問題を解くには，つぎのようにでも考えていかなければなりません．まず，10匹ぜんぶがつるであるとしてみましょう．そうすると足は20本しかないはずです．問題の32本に較べて12本もたりないのです．そこで，1匹のつるをかめに変えてみます．足は2本だけ増えます．したがって，6匹のつるをかめに変えたとき足は12本だけ増えて，ちょうど32本になるかんじょうです．こうして，6匹がかめで，残り

の4匹が つ゛る゛ であることがわかります．

そこで，くだんの先生はおっしゃるのです．この考え方は，まず10匹ぜんぶが つ゛る゛ であるとしてみる，というようなヒントが必要で，子供たちにはむずかしすぎるし，こういう問題を強要するから子供たちが数学恐怖症になってしまう，この手の問題は中学生になって代数を学びさえすれば

$$x + y = 10$$
$$2x + 4y = 32$$
　　　　ただし，x はつるの数
　　　　　　　　y はかめの数

をすいすいと解いて

$$x = 4, \quad y = 6$$

が求まるのだから，代数を知らない子供たちにつるかめ算を解かせる必要もないし，かえって有害である，だいいち，つるとかめが合わせて10匹いる情景を想い浮かべてみてほしい，つ゛る゛ と か゛め゛ の数をかぞえないで足の数だけをかぞえ，それから つ゛る゛ と か゛め゛ の数を計算するなどという不条理な行為を誰がするだろうか……というわけです．

これに対して，別の意見を持つ先生もいます．学校で数学を教える目的は2つあるように思う．1つは，自然科学や社会科学の現象を必要に応じて数学的にとらえることのできる '目' を養うこと．他の1つは，このようにしてとらえた問題を解決するための '手' として数学を使いこなせるように訓練することである．最近の数学教育は，入学試験の弊害もあって，数学の目を養うことより数学の手を訓練することが優先されすぎてはいないだろうか．つるかめ算

つるかめ算は
教えるほうがいい？
教えないほうがいい？

は少なくとも，まだ数学の手を与えられていない子供たちが数学の目を養うための訓練としては役立つように思う．問題の想定が不自然だというならば，「200円の菓子と400円の菓子とを合わせて10個で総計3200円にしたい」というような日常の問題に置き換えればよいではないか……というのです．

数学や数学教育の専門家ではない私は，どちらの考え方が優れているのかよくわかりません．けれども，この手の問題は

$$\left.\begin{array}{l} x + y = 10 \\ 2x + 4y = 32 \end{array}\right\} \text{つるとかめの問題} \quad (2.1)$$

$$\left.\begin{array}{l} x + y = 10 \\ 200x + 400y = 3200 \end{array}\right\} \text{菓子のとり合せの問題}$$

のような数学モデルを作って，代数的にすいすいと解いてしまうほうがらくであることは事実のようです．それに，問題をせんじつめて，このような数学モデルとしてとらえる能力そのものが'数学の

目'であるようにも思えます．もっとも，菓子屋の店先で，紙と鉛筆を出して式を作ったり解いたりできるかよ，といわれるとグーの音も出ないのですが……．

　まあ，そういうことなので，この章では，つるかめ算にひきつづいて，いろいろな数学モデルを作っていこうと思います．つまり，式をたてていこうと思うのです．

年齢算の式

　むかしの算術では，つるかめ算と並んでたくさんのな̇ん̇と̇か̇算が使われてきました．年齢算，旅人算，植木算，流水算，還元算，エトセトラ……です．算術の問題の解き方を，いくつかの類型的なタイプに分けて親しみやすい名称をつけ，与えられた問題がどのタイプかを見破り，あらかじめ習得したパターンに従って答を求めていこうという魂胆です．

　たとえば，**年齢算**は「父は38歳，子は6歳，何年後に父は子の2倍の年齢になるか」というスタイルです．こういうタイプの問題はつぎのようなパターンで答を求めてゆきます．父と子は現在32歳の差があります．が，2人とも毎年1つずつ歳をとるので，いつになっても年齢の差は32歳で，変わりはありません．そうすると，子が32歳になったとき父は64歳でちょうど子の年齢の倍になるはずです．子が32歳になるのは26年後ですから，父が子の2倍の歳になるのは26年後ということになります．つるかめ算では「ぜ̇ん̇ぶがつるであるとすれば」と考えるのがコツであったように，年齢算では「差はいつも一定」に手掛りを求めるのがコツです．そして，

つるかめ算を解くコツが菓子のとり合せの問題にも応用できるように，年齢算のコツは「15万円を持っているA君と11万円を持っているB君からそれぞれ同じ金額を取り上げてA君がB君の3倍になるようにするには，いくらずつ取り上げたらよいか*」という種の問題に応用できます．そして，菓子のとり合せの問題がつるかめ算の変形であり，同じ金額を取り上げる問題が年齢算の変形であることに気がつくかどうかが，算術の出来を決めてしまいます．

ところが，「父は38歳，子は6歳，何年後に父は子の2倍の年齢になるか」を解くために式をたててみると，x年後の父の歳は $38+x$，子の歳は $6+x$ で，$38+x$ が $6+x$ の2倍ですから

$$38 + x = 2(6 + x) \tag{2.2}$$

となり，このあとは

$$38 + x = 12 + 2x$$
$$\therefore \quad 26 = x$$

---

* A君とB君の金額の差は一定で，4万円です．B君の金額に4万円を加えた額がA君の金額なので，それをB君の金額の3倍にしたいのです．つまり，4万円はB君の金額の2倍です．したがってB君の金額を2万円にすればよいはずです．そのためにはA君とB君から9万円ずつ取り上げればよいかんじょうになります．

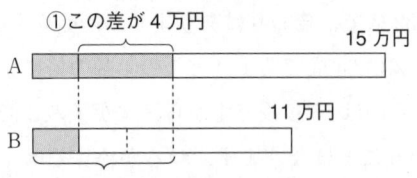

①この差が4万円
15万円
A
11万円
B
②これがBの3倍
③したがってBは2万円
④故に，9万円ずつ取り上げればよい

なお，こういうとき言葉だけで考えていると思考が行きつ戻りつして，脳細胞が混乱するおそれがありますから，左図のような図式モデルの力を借りることを，お勧めします．

というぐあいに，なんの苦もなく答が得られます．A君とB君から等しい金額を取り上げて，A君がB君の3倍になるようにする問題も，式をたててみれば

$$15 - x = 3(11 - x)$$

となり，この式は誰にでもすいすいと解けて

$$x = 9$$

が求まります．前ページの脚注のように頭の体操をする必要はみじんもありません．

ところで，「父は38歳，子は6歳，何年後に父は子の2倍の年齢になるか」を解くとき，2人とも毎年1つずつ歳をとるので，いつになっても年齢の差は32歳，と書きました．しかし，父と子の誕生日が同じならこれでよいでしょうが，誕生日が異なるとほんとうはこれでは正しくありません．現実の問題としては，数年と数カ月の後に歳の差が31になったり33になったりすることもあるはずです．ですから，ほんとうは問題の中に父と子の誕生日が明記されていないと，現実の姿を細部まで描いているとはいえません．けれども，私たちに与えられた問題では，はんぱな月数はすでに切り捨てられ，単純なモデルに整理されています．このように，多くの場合，私たちに与えられる数学の問題は，すでに現実の問題のうち本質に影響のないものや重要度の少ないものは切り捨てられて，せんじつめられたモデルになっているのがふつうです．そして，そのモデルを数学モデルに書き直し，それを解く作業を私たちは数学だと教えられてきたように思います．けれども，第Ⅰ章でくどいくらいに述べたように，現実の問題をせんじつめてモデル化することも，数学を実際に活用する場合に，しなくてはならない重要な作業で

す.数学を日常生活の中に生かす決め手はここにあるといっても過言ではないことも,再度,述べさせていただきたいと思います.

混合算の式

「悪貨は良貨を駆逐する」という法則*があるそうですが,むかしは,貨幣の鋳造権をにぎっている王様が自分の財政が苦しくなると,混ぜものを入れて貨幣を鋳なおし,利ざやを稼いで窮地を切り抜けるようなことが,よく行なわれていたようです.そこで,つぎのような問題を考えてみることにしましょう.

いままで,金と銅とを9対1に混ぜて鋳た良貨が出回っていたのですが,財政の窮乏に困り果てた王様が金と銅とが4対6の悪貨を同じ額面で発行して利ざやを稼ごうとしました.ところが,金よりも銅のほうが多い悪貨は誰にでも見破られてしまい,良貨が流通機構から姿を消しはじめたのはもちろん,民衆の間から悪政に対する非難の声が上がりはじめました.で,閉口した王様は,良貨(金9銅1)と悪貨(金4銅6)とを混ぜ合わせて鋳なおし,金と銅とが6対4の新しい貨幣を作ることにしました.銅より金のほうが多ければ,民衆は気が付くまいとの悪だくみなのですが,さて,良貨と悪貨をどういう割合で混ぜたら新貨(金6銅4)ができるでしょうか.

このタイプの問題は古来**混合算**と呼ばれています.むかしの算術

---

* イギリスの財政家トーマス・グレシャム(1519〜1579)が提唱した法則.名目上の価値が等しく,実質上の価値が異なる貨幣が流通すると,良質の貨幣は財産としてしまい込まれてしまうので,悪質の貨幣だけが流通するようになるという法則.グレシャムの法則と呼ばれている.

Ⅱ 式のネーミング　*31*

では，この手の問題を代数を使わずに解こうというのです．これはむずかしいですよ．ひとすじ縄ではいきません．たとえば，つぎのようにでも考えていくしかないでしょう．

図 2.1 の〔A〕は良貨と悪貨を 1：1 で混ぜてみたところです．左半分が良貨を表わし，うすずみを塗った部分が金で，全体の 0.9 を占めていて，右半分が悪貨を表わし，金は全体の 0.4 を占めています．良貨と悪貨を同量ずつ混ぜるのですから，金の含有量は 0.9 と 0.4 のちょうど中央の 0.65 になるにちがいありません．新貨の金の含有量を 0.6 にしたいのですから，これでは金が多すぎます．もっと悪貨を多く混ぜなければなりません．

で，つぎには良貨と悪貨を 1：2 の割合で混ぜてみましょう．それが〔B〕です．図のように，0.4 と 0.9 の間を 3 等分して，良貨の金を悪貨のほうへ移してみると全体としては金の含有量が 0.5666 ……になることがわかります．こんどは，目標の 0.6 よりも少なくなってしまいました．

それではというわけで，こんどは良貨と悪貨を，1：1.5 の割合で混ぜてみたのが〔C〕です．0.4 と 0.9 の間を 5 等分して図のよう

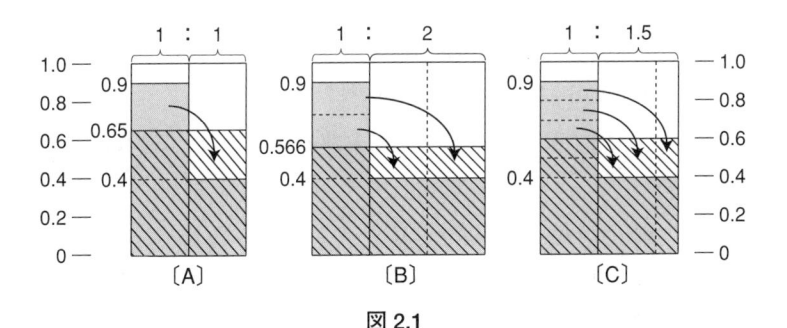

図 2.1

に移しかえると，全体としての金の含有量がちょうど0.6になることがわかります．あたり！です．良貨と悪貨を1：1.5の割合で混ぜると王様の悪だくみどおりの新貨が生まれるのです．

いまの例では，たった3回の試みで正解に当たりました．けれども，いつもこんなにうまくいくとは限りません．たとえば17：28の割合で混ぜるのが正解であったと思ってください．2：3では大きすぎるし，3：5では小さすぎるし，4：7とか7：11とかいろいろと試してみても正解には命中しません．だいいち，4：7とか7：11とかで混合した場合の状況を図から求めていくことさえ，ものすごく手がかかって頭がかりかりしてきます．ですから，混合算を算術で解くのは，非常に恵まれたケースでしか成功しないのです．

ところが，式をたてて，ちょっとした代数を使いさえすれば，この種の問題はいつでも確実に，しかも容易に解くことができます．それには，良貨1に対して悪貨をxの割合で混ぜると考えます．そうすると全体の量は

全体の量 = $1 + x$

となり，その中に含まれる金の量は

良貨の中にあった金　0.9
悪貨の中にあった金　$0.4x$ 　　　合計　$0.9 + 0.4x$

であるはずです．そして，この量が全体の量の0.6倍になればよいのですから

$$0.9 + 0.4x = 0.6(1 + x) \qquad (2.3)$$

が成立するはずです．これが王様の悪だくみの式です．これを解くのはわけはありません．誰がやってもたちどころに

Ⅱ 式のネーミング

$$x = \frac{3}{2}$$

が求まります．したがって，良貨 1 に対して悪貨 1.5 の割合で混ぜると 6 割の金が含まれた新貨が誕生することになります．

式 (2.3) を作るとき，良貨 1 に対して悪貨を x の割合で混ぜると考えました．なぜ良貨の量を 1 と考えたのでしょうか．良貨の量を 2 とか 5 とか考えてはいけないのでしょうか．もちろん，2 でも 5 でも何でもよいのですが，1 とおくのがいちばんスマートなので 1 と考えたのです．このあたりの勘どころについては，96 ページで詳しく触れるつもりですが，かりに，2 とか 5 よりもっと一般的に，良貨 a に対して悪貨を x の割合で混ぜるとして式をたててみましょう．すると

　　　全体の量 $= a + x$

ですから，その中の金の量は

　　　良貨の中にあった金　$0.9a$ ⎫ 合計　$0.9a + 0.4x$
　　　悪貨の中にあった金　$0.4x$ ⎭

となります．したがって，求める式は

$$0.9a + 0.4x = 0.6(a + x)$$

になります．この式を解いてみてください．

$$x = \frac{3}{2}a$$

が得られるはずです．したがって，6 割の金が含まれる新貨を作るには，良貨 a に対して悪貨 $3a/2$，いいかえれば良貨の 1.5 倍の悪貨を混ぜればよいことになり，あたりまえのことですが，良貨 1 に対して悪貨 x の割合で混ぜると考えて得た結論と，ぴったりです．

ぴったりきたところで、世界最大の金貨はオーストラリアのパース造幣局が作ったもので、直径が80cm、重さが1トンもあり、純度99.99％という豪華なものであることをご紹介してこの節を終わります．

答が2つもある式

しばらくの間，なんとか算が続きましたので，このあたりでなんとか算を離れた数学の式をいくつか作ってみることにします．まず，つぎのような問題にアタックしてみましょうか．ここに幅50cmのトタン板があります．これを図2.2のように折り曲げてとい(・・)を作るのですが，とい(・・)の切り口の面積を300cm^{2}にしたい事情があります．とい(・・)の深さをいくらにしたらよいでしょうか．

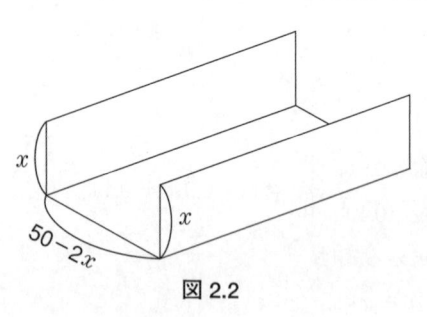

といの深さを$x$cmとおきましょう．そうすると

　底の幅(cm)

　　$= 50 - 2x$

ですから，切り口の面積は，これにxを掛けて

　切り口の面積(cm^2)

　　$= x(50 - 2x)$

となります．この面積を300cm^{2}にしたいのですから

　$x(50 - 2x) = 300$ 　　　　　　　　　　(2.4)

図 2.2

です．これが私たちの問題を解決するための式です．式の解き方については，後の章で整理してご紹介する予定なのですが，式(2.4)を変形すると

$$x^2 - 25x + 150 = 0 \tag{2.5}$$

となり，これから x を求めると*

$$x = 10 \quad \text{または} \quad x = 15$$

と，2つも答が出てきます．2つも答が出るのはけしからんとなじる必要はありません．両方とも正解なのです．検算してみてください．

　　深さ 10cm なら幅 30cm

　　　面積 = $10 \times 30 = 300\,\text{cm}^2$

　　深さ 15cm なら幅 20cm

　　　面積 = $15 \times 20 = 300\,\text{cm}^2$

となって2つの答がともに正解であることが立証できます．

つづいて，似たような，しかし異なる問題にアタックします．50cm 四方のトタン板の四隅を図 2.3 のように正方形に切り落とし，

---

* ① 式(2.5)の左辺を因数分解すると

$$(x - 10)(x - 15) = 0$$

となります．この左辺は，x が 10 のときと 15 のときに 0 になって式が成立しますから，この式の解は

$$x = 10 \quad \text{または} \quad x = 15$$

② 式(2.5)から直接，2次方程式の解を求める公式(155ページ)によって

$$x = \frac{25 \pm \sqrt{25^2 - 4 \times 150}}{2} = \frac{25 \pm \sqrt{25}}{2}$$

$$= \frac{25 \pm 5}{2} = 10 \quad \text{または} \quad 15$$

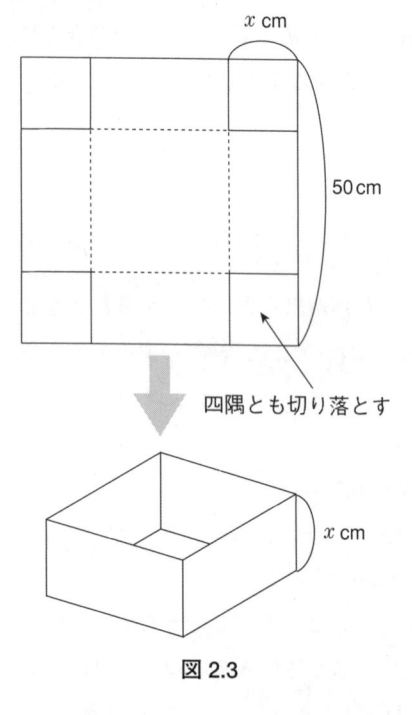

破線のところから曲げて箱を作りたいと思います．箱の容積を $6000\,\mathrm{cm}^3$ にしたいのですが，箱の深さをいくらにしたらよいでしょうか．トタン板の四隅から図のように $x\,\mathrm{cm}$ の正方形を切り落とすことにします．そうすると，出来上る箱の深さは $x\,\mathrm{cm}$ になります．箱の底は $(50-2x)\,\mathrm{cm}$ 角の正方形ですから，箱の容積は底の面積に深さを掛けて

　　箱の容量 $= (50-2x)^2 x$

となります．したがって

$$(50-2x)^2 x = 6000 \tag{2.6}$$

図 2.3　四隅とも切り落とす

が私たちの問題解決のための式です．この式を変形すると

$$4x^3 - 200x^2 + 2500x - 6000 = 0 \tag{2.7}$$

となるので，この式から x を求めてみると*

---

*　式(2.7)の両辺を 4 で割ると
　　$x^3 - 50x^2 + 625x - 1500 = 0$
左辺を因数分解すると
　　$(x-15)(x^2 - 35x + 100) = 0$ 　　　　　　　　　　(※)
つまり，$x=15$ のときは左辺が 0 になって式(※)が成立するので，$x=15$ が 1 つの解であることがわかります．つぎに
　　$x^2 - 35x + 100 = 0$

$x = 15$ または $x ≒ 3.14$

が得られます．またもや答が2つあるのですが，確かめてみると

深さ 15 cm なら底の辺は 20 cm

箱の容積 $= 20 × 20 × 15 = 6000 \, \text{cm}^3$

深さ 3.14 cm なら底の辺は $50 - 2 × 3.14 = 43.72 \, \text{cm}$

箱の容積 $= 43.72 × 43.72 × 3.14 ≒ 6000 \, \text{cm}^3$

ですから，間違いはありません．

関係を表わす式

もうしばらく，数式づくりにはげみましょう．こんどは，前の節の変形です．まず，幅 50 cm のトタン板の両側を x cm ずつ直角に折り曲げてといを作ります．そのときの切り口の面積を $y \, \text{cm}^2$ とすると，x と y との間にはどのような関係があるでしょうか．

といの底の幅(cm) $= 50 - 2x$

です．といの深さは x cm ですから，切り口の面積 $y \, \text{cm}^2$ は

$$y = (50 - 2x)x \tag{2.8}$$

または

$$y + 2x^2 - 50x = 0 \tag{2.9}$$

↘ のときにも式(※)は成立しますから，2次方程式の解を求める公式によって

$$x = \frac{35 \pm \sqrt{35^2 - 4 × 100}}{2} ≒ \frac{35 \pm 28.72}{2}$$

右辺の符号が + とすると $x ≒ 31.86$ になるのですが，こんなに大きな正方形を 50 cm 平方のトタン板から切りとることはできません．それで，- 符号を計算すると $x ≒ 3.14$ が得られます．

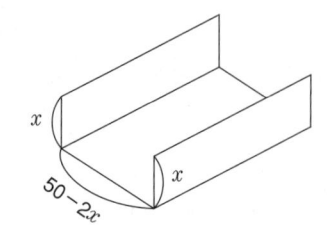

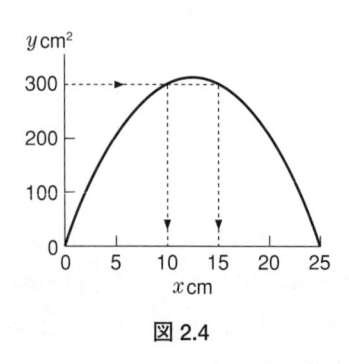

となります．これで，xとyの関係を表わす式はできたのですが，このままでは，xとyの関係がどのようなものか，わかりにくいので，その関係をグラフに描いてみました．それが図 2.4 です．xがゼロなら，といの深さがゼロですから，もちろん切り口の面積もゼロです．xが増すと切り口の面積は増大し，前節で求めたように，xが 10 cm のとき y は 300 cm^2 になります．xがさらにふえるとyはもう少し増大しますが，xが 12.5 cm を越えるとyは減少しはじめ，xが 15 cm のときyは再び 300 cm^2 になります．あとはxの増加につれてyは減少し，xが 25 cm になるとyはゼロになってしまいます．なにしろ，xを 25 cm とするとトタン板を中央から 2 つ折にするはめになり，底の幅がなくなってしまうからです．

図 2.4

つぎへ進みます．こんどは 50 cm 平方のトタン板の四隅から$x$cm 平方の正方形を切り落とし，折り曲げて箱を作る問題です．箱の容積を $y$cm^3 とすると，xとyとの関係はどうなるでしょうか．

底の辺の長さ(cm) $= 50 - 2x$

底の面積(cm^2)　　$= (50 - 2x)^2$

ですから，箱の容積 $y$cm^3 はこれに箱の高さ $x$cm を掛けて

$$y = (50 - 2x)^2 x \tag{2.10}$$

または

$$y - 4x^3 + 200x^2 - 2500x = 0 \tag{2.11}$$

です．これが私たちが求める式です．

　式は求まったのですが，この式を睨んだだけで x と y との関係を読みとれる人は超一流の天才です．ふつうの脳細胞の人間にとっては，やはりグラフに描いてみないと x と y との関係が判然としません．そのグラフは図 2.5 のようになります．こんどはちと風変りなグラフだと思いませんか．図 2.4 のように左右対称ではなく，左側は絶壁で右側には裾をひいているところが奇妙です．x がゼロから増加するにつれて y は急激に増大し，前節で求めたように，x が 3.14 cm で y は 6000 cm^3 になり，x が約 8.33 cm のとき y は最大の約 9259 cm^3 に達します．その後は y が減少して x が 15 cm で再び 6000 cm^3 になり，さらに減少を続けて奇妙なカーブを描きながら x が 25 cm のときゼロに戻ります．x が 25 cm ずつ四隅から切り落とされれば 50 cm 平方のトタン板は完全に消滅してしまうのです

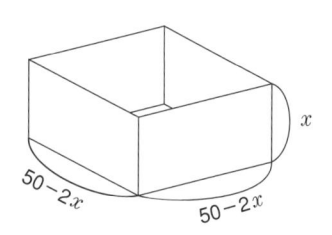

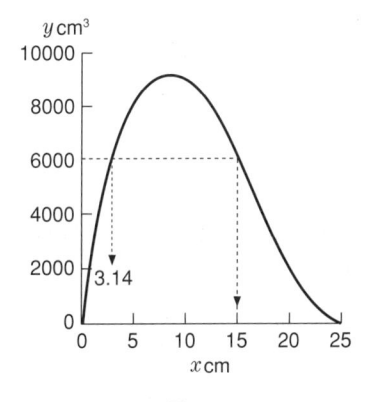

図 2.5

から……．

なお図 2.4 や図 2.5 の曲線の頂点——これを y の極大というのですが——での y や x の値の求め方については，恐縮ですが，この本の姉妹編『微積分のはなし【改訂版】』の上巻の 50 ページあたりを参考にしていただければ幸いです．

式の命名法

この章を振り返ってみると，すでに，いろいろなタイプの式と対面してきました．整理してみましょう．まず

$$38 + x = 2(6 + x) \qquad (2.2) と同じ$$

という式がありました．この式は，変形すると

$$x - 26 = 0 \qquad (2.12)$$

の形になります．これは x についての **1 次方程式**です．また

$$x^2 - 25x + 150 = 0 \qquad (2.5) と同じ$$

は，x についての **2 次方程式**と呼ばれ

$$4x^3 - 200x^2 + 2500x - 6000 = 0 \qquad (2.7) と同じ$$

は，x についての **3 次方程式**と呼ばれることも，ご存知のとおりです．その式の中に含まれるいちばん大きな x の次数をいただいて ×次方程式と命名するのです．方程式とは何か，については間もなくご説明する予定なので，しばらくお待ちください．

さらに

$$y + 2x^2 - 50x = 0 \qquad (2.9) と同じ$$

という式もありました．10 行ばかり前の式 (2.12)，式 (2.5)，式 (2.7) には定数のほかに未知の数が x しか含まれていなかったのに，こ

の式では2つの未知数xとyが含まれているのが特徴的です．また，xとyとに注目すると最大の次数は2次です．そこで式(2.9)のような方程式は**2元2次方程式**と呼ばれます．元(ゲン)は方程式の未知数のことですから，未知数が2つある2次の方程式という意味です．同様に

$$y - 4x^3 + 200x^2 - 2500x = 0 \qquad \text{(2.11)と同じ}$$

は，**2元3次方程式**というわけです．したがって

$x - 26 = 0$ は **1元1次方程式**

$x^2 - 25x + 150 = 0$ は **1元2次方程式**

$4x^3 - 200x^2 + 2500x - 6000 = 0$ は **1元3次方程式**

と呼ぶのが正確であったのです．もっとも，方程式の次数だけを主張したいときには元のほうを略して，1次方程式，2次方程式というように呼称してもかまわないし，逆に，元の数だけを主張したいなら，次数のほうを省いて，2元方程式，3元方程式というように呼んでも差支えはありません．

さらにまた

$$\begin{cases} x + y = 10 \\ 2x + 4y = 32 \end{cases} \qquad \text{(2.1)と同じ}$$

のようなアベックの式にも対面ずみです．2つ以上の方程式が組み合わされているとき，これを**連立方程式**と呼んでいます．式(2.1)の場合は2元であり，また1次なので，full name は**連立2元1次方程式**ということになります．

ごちゃごちゃしてきたので，方程式の命名法を整理しておきましょう．

未知数の最大の次数	……	×次
未知数の数	……	×元
2つ以上の方程式が組み合わされたとき	……	連立

であり，連立×元×次方程式という順序で呼称します．たとえば，a, b, c, d が定数で，x, y, z が未知数であるとき

$ax + b = 0$	1元1次方程式
$ax^2 + bx + c = 0$	1元2次 〃
$ax^4 + bx^2 + c = 0$	1元4次 〃
$x + y + c = 0$	2元1次 〃
$ax^2 + by + c = 0$	2元2次 〃
$ax + by^3 + c = 0$	2元3次 〃
$xy + c = 0$	2元2次 〃
$axy^2 + bx^2 + cy + d = 0$	2元3次 〃
$x^2y + y^2z + z^2x = 0$	3元3次 〃

$$\begin{cases} x + ay + b = 0 \\ x + cy + d = 0 \end{cases} \quad \text{連立2元1次方程式}$$

$$\begin{cases} x^2y + y^2z + z^2x + a^3 = 0 \\ x + y + z + b = 0 \\ x^2 + y^2 + z^2 + c^2 = 0 \end{cases} \quad \text{連立3元3次方程式}$$

というように命名すればよいのです．なお，すでにお気付きのように，xy は未知数に関して2次，x^2y, xy^2, xyz などは3次，x^2y^2, x^2yz などは4次とカウントするのですから念のため……．

ところで

$$\frac{y}{x} = a \tag{2.13}$$

は，なん元なん次方程式だとお考えですか．この式の両辺に x を掛けてみてください．

$$y = ax \quad つまり \quad y - ax = 0$$

です．これは2元1次方程式です．そして，この式は，式(2.13)と数学的に全く同じものですから，式(2.13)は2元1次方程式にすぎないのです．ついでに，もうひとつ

$$\frac{y}{x} + \frac{x}{y} + a = 0 \tag{2.14}$$

というのは，いかがでしょうか．分母をいっせいに取り払うために両辺に xy を掛けてみてください．

$$y^2 + x^2 + axy = 0$$

となって，式(2.14)が2元2次方程式であることが，たちどころに見破れます．このように，未知数が分母にあるような分数式の場合には，適当な値を両辺に掛けて分母を取り払ってやれば，たちまち，次数が見破れるから痛快です．

これで，方程式の命名法のルール説明は終わりです．しかし，私たちは，等式とか代数式とか有理整式だとかの言葉を耳にすることがあります．これらは，なん元なん次方程式とどういう関係にあるのでしょうか．そもそも式とはなんでしょうか．あまり楽しくない説明が続いて申し訳ないのですが，もうしばらくがまんして，つぎの章に読み進んでいただきたいと思います．

III 式を分類する

方程式のはなし

 当て算問答という遊びがあります．たとえば，こういうぐあいにやるのです．
- (1) どんな数でもよいから心の中で決めてください．それがあなたの数です．
- (2) あなたの数を5倍してください．
- (3) それに20を加えてください．
- (4) さらに2倍してください．
- (5) それから30を引いてください．いくらになりましたか．

——— 40になりました ———

- (6) では，あなたの数は3ですね．

——— あたり！ ———

 私はオンチで照れ屋なので，宴会の席で歌わせられたり，芸をやらされたりするのが何より苦手です．いまに指名されるのではない

III 式を分類する

どちらが品がよいか
よーく考えてみよう．

かと思っただけで，せっかくの酒も料理もまずくなってしまうくらいです．それでも指名されたら，やむを得ないので「当て算問答」でお茶を濁すことにしています．あまりおもしろくないので，座が白けますが，下手くそな歌に義理で拍手をもらうよりはましではないでしょうか．それに，ときには，当て算問答の見事な正解に拍手を送ってくれる紳士淑女がいるかもしれません．

当て算問答の解答が，どうして見事に当たるのかというと，からくりは簡単です．(1)から(6)まで順序に従って，からくりを調べてみましょう．

(1) あなたが決めた数を n とします
(2) 5倍します ……………… $5n$
(3) 20を加えます …………… $5n + 20$
(4) 2倍します ……………… $2(5n + 20) = 10n + 40$
(5) 30を引きます …………… $10n + 40 - 30 = 10n + 10$
  40になりました ………… $10n + 10 = 40$
(6) n は3です ……………… ∴ $n = \dfrac{40 - 10}{10} = 3$

という次第です．つまり，あなたの数を5倍し，20を加え，2倍し，30を引いた数を宣言してもらい，その数から10を引いて10で割れば，それがあなたの数になろうというものです．

いまの例では，5倍する，20を加える，2倍する，30を引く，でしたが，これらの数字は何でもかまいません．たとえば

(1) 心の中で決めた数をnとします

(2) a倍します……………an

(3) bを加えます…………$an + b$

(4) c倍します……………$c(an + b)$

(5) dを引きます…………$c(an + b) - d$

———— その数はNです ————

(6) $c(an + b) - d = can + cb - d = N$

$$\therefore\quad n = \frac{N - cb + d}{ca}$$

となるわけですが，当て算問答でかんじんなことは$cb - d$とcaの値をあらかじめ計算して覚えておき，Nの値が宣言されたら立ちどころにnの値が出せるよう準備しておくことです．

当て算問答を材料にして，いろいろな式を作ってきました．あなたの数nを5倍する……$5n$，それに20を加える……$5n + 20$，さらに2倍する……$2(5n + 20)$とか，nをa倍する……an，それにbを加える……$an + b$，さらにc倍する……$c(an + b)$とかですから，なんでもありません．「nをa倍する」というような言葉で書かれた数学モデルを数学の式に書き直すだけですから，屁のかっぱなのです．

ところで，これらの式にはいろいろな形がありました．まず

$5n$, an

$5n + 20$, $an + b$

のように，数学や文字が掛け合わされたり，たし合わされたりしただけのものがあります．私たちは，式といえば＝や＞で結ばれた式を連想しがちですが，＝や＞が使われていなくても差支えありません．数字や文字や記号の組み合わせは，ぜんぶ**式**なのです．$5n$ や an のように項が１つしかないものを**単項式**，$5n + 20$ や $an + b$ のように項が２つ以上あるものを**多項式**と呼ぶのですが，これについては59ページでご説明する予定です．

つぎに

$10n + 40 - 30 = 10n + 10$

$10n + 10 = 40$

$c(an + b) - d = can + cb - d$

$can + cb - d = N$

のように左辺と右辺とが**等号**＝で結ばれている式もあります．このように両辺が＝で結ばれた式は**等式**と名付けられています．右辺と左辺が等しい式なのですから，等式という名称はいかにも自然です．

等式には，本質的に性格の異なる２種類が含まれています．いまの例のうち

$10n + 40 - 30 = 10n + 10$

は，n にどのような値を代入しても必ず成立します．また

$c(an + b) - d = can + cb - d$

の a, b, c, d, n がどのような値であっても常にこの式は正しいのです．このように，いつでも必ず成立するような等式を**恒等式**といいます．恒はつねという意味ですから，つねに等しい式という心

でしょう．これに対して

$$10n + 10 = 40 \tag{3.1}$$

はどうでしょうか．n が3のときには確かに＝が成立するのですが，n が3以外の値では＝ウソになってしまいます．また

$$can + cd - d = N \tag{3.2}$$

は n と N の関係が

$$n = \frac{N - cb + d}{ca} \tag{3.3}$$

のときに限って成立するのです．このように，特定の値のときに限って成立するような等式を**方程式**と呼んでいます．そして，方程式が与えられたとき，その方程式が成立するような特定の値を見出すこと，たとえば式(3.1)が成立するのは $n = 3$ のときであるとか，式(3.2)が成立するのは式(3.3)の場合に限るとかを見出すことを，**方程式を解く**といいます．私たちが日常生活で数学を使うのは，主として何らかの問題解決の手段に使うためです．その場合には，たいてい方程式をたて，それを解いて答を見付ける必要がありますから，いろいろな式の中でも，方程式は私たちにとって最も関心の深い式といえるでしょう．

$A \neq B$ は不等式か

右辺と左辺とが，等号＝で結ばれたものが等式なのですが，では，右辺と左辺とが等しくないのは，なに式でしょうか．もち，不等式……と，たいていの方はお答えになりそうです．ところが，この答はなんとなく100％の正解ではなさそうです．たとえば，3と

Ⅲ 式を分類する

5とは等しくありませんし,また 10 − 2 は 6 ではありません.これを

$$3 \neq 5$$
$$10 - 2 \neq 6$$

と書いて表わします.≠は=を斜線で打ち消した記号で右辺と左辺とが等しくないことを主張しています.右辺と左辺とが等しくないのですから,これらの式を不等式と呼んでもよさそうなものです.ところが,数学の世界で不等式というと

$$3 < 5$$
$$10 - 2 > 6$$
$$x + 2 > 4$$

のように,右辺と左辺とが,**不等号**(>か<)で結ばれた式を指しているのがふつうのようです.では,右辺と左辺とが≠で結ばれた式をなんと呼ぶのかといろいろ調べてみたのですが,統一された呼び名はないようです.単に「3 は 5 に等しくない」とか「10 − 2 は 6 ではない」とか読んですましているみたいです.どうもサマになっていません.きっと狭い意味での不等式は右辺と左辺とが不等号で結ばれた式を指し,広い意味で不等式という場合には≠で結ばれた式も含めると解釈しておけばよいのでしょう.

ところで,数行前に例にあげた3つの不等式のうち,上の2つを見てください.

$$3 < 5 \quad \text{と} \quad 10 - 2 > 6$$

は,いつでも正しい式です.また,たとえば

$$2x^2 > x^2$$
$$\text{ただし,} x \neq 0$$

は，xが大きくても小さくても，正でも負でも，常に成立します[*]. このように常に成立する不等式を**絶対不等式**といいます．これに対して

$$x + 2 > 4$$

は，いつでも成立するとは限りません．xが100や3や5/2のときは成立しますが，xが1や-2のときはこの式がウソになってしまうからです．つまり，xが2より大きいときだけこの式は正しいのです．このようにある条件のもとでだけ成立するような不等式を**条件付き不等式**と呼んでいます．そして，条件付き不等式が成立するような条件を求めることを，**不等式を解く**といいます．

不等式を等式の場合と比較してみてください．

　　恒等式　と　絶対不等式

　　方程式　と　条件付き不等式

とが対応していることに気付かれることと思います．こうしてみると私たちが一口に式と呼んでいる数学モデルは，つぎのように分類することができそうです．

式（数字，文字，記号の組合せ）
- 等式（両辺が＝で結ばれている式）
  - 恒等式（いつでも成立する等式）
  - 方程式（特定の値のとき成立する等式）
- 不等式（両辺が＞で結ばれている式）
  - 絶対不等式（いつでも成立する不等式）
  - 条件付き不等式（特定の条件のとき成立する不等式）
- 右辺と左辺の区別がない式

---

[*] xは実数に限定しています．虚数の場合は話が別ですが，不等式を論議するときには実数に限定するのがふつうです．

前の章で，方程式が連立しているか，未知数はいくつあるか，未知数の最大の次数はいくらか，に注目した，連立2元1次方程式というような命名を紹介しました．同じような命名法が不等式などにも適用することができます．たとえば

$$x^3 - x^2 + x - 1 < 0$$

は，1元3次不等式です．厳密には，1元3次条件付き不等式というのがほんとうかもしれませんが，ふつうは1元3次不等式と略称しています．また，たとえば

$$\begin{cases} x + y > 1 \\ x^2 + y^2 < 1 \end{cases}$$

は，連立2元2次不等式と呼ぶことができます．

最後にちょっと補足させてください．

$$A \geqq B$$

などと書いた式を見ることがあります．これは

$$A = B \quad と \quad A > B$$

とをたばにして書いたまでのことで，A は B と等しいか B より大きいかであることを表わしているにすぎません．

同類項は集める

つづいて，いくつかの式を観察していくことにします．あまりおもしろくはありませんが，もう一度，当て算問答に付き合ってもらいましょうか．

(1) あなたの数を心の中で決めてください．計算がちと複雑ですから1桁の数がよいと思います．

(2) あなたの数から3を引いてください.

(3) それに, あなたの数を掛けてください.

(4) さらに, 3を加えてください.

(5) また, あなたの数を掛けてください.

(6) 最後に1を引いてください. いくらになりましたか.

——— 125になりました ———

(7) では, あなたの数は6です.

——— お見事！正解です ———

この当て算のからくりは, つぎのとおりです.

(1) あなたの数を n とします. （たとえば6）
(2) $n - 3$ $(6 - 3 = 3)$
(3) $n^2 - 3n$ $(3 \times 6 = 18)$
(4) $n^2 - 3n + 3$ $(18 + 3 = 21)$
(5) $n^3 - 3n^2 + 3n$ $(21 \times 6 = 126)$
(6) $n^3 - 3n^2 + 3n - 1$ $(126 - 1 = 125)$

実は, $n^3 - 3n^2 + 3n - 1 = (n-1)^3$

したがって, (6)までの計算結果を立方に開いて1を加えれば, あなたの数になります. いまの例のように125なら, 立方に開くと5, 1を加えると6, それがあなたの数です.

さて, (6)に現われた式

$$n^3 - 3n^2 + 3n - 1 \tag{3.4}$$

を観察してください. n の3乗の項を筆頭に, n の2乗の項, n の1乗の項, 定数の項と行儀よく整列しています. この式を n の最大の**次数**に敬意を表して, n の**3次式**ということは, 前の章に書いたとおりです. ところで, この式と

$$3n + n^3 - 1 - 3n^2 \tag{3.5}$$

とは，数学的には全く同じ値を持っています．順序が入れ代っただけですから，$1+2+3$ と $3+1+2$ とが数学的には全く等しいのと何ら変わりはありません．けれども，勝手気ままに配列された式(3.5)よりは，長幼の序列に従った式(3.4)のほうが美学的です．そこで，数学では次数の異なる項が混り合った式は

$$n^3 - 3n^2 + 3n - 1 \qquad (3.4)\text{と同じ}$$

のように，次数の高いほうから順序正しく並べて書くのがふつうです．この順序を**降べき**の順といいます．べき(冪)は何度も掛け合わせた積のことで，つまり次数のことですから，次数が降る順序に並べることを降べきと言うのです．これに対して

$$-1 + 3n - 3n^2 + n^3$$

という並べ方を**昇べき**の順といい，この順序も，たまに使用されることがあります．

さらにまた

$$3n^3 + 2n - 3 - n - 3n^2 + 2 + 2n - 2n^3 \tag{3.6}$$

などという式に注目です．トップの $3n^3$ とドンケツの $-2n^3$ とは，3 と -2 という**係数**は異なりますが，文字の部分はいずれも n^3 です．このように，文字の部分が等しい項は**同類項**と呼ばれます．そこで，類は友を呼ぶ，という諺どおりに，式(3.6)の同類項を集めてみると

$$\begin{aligned}
& 3n^3 - 2n^3 - 3n^2 + 2n - n + 2n - 3 + 2 \\
&= (3-2)n^3 - 3n^2 + (2-1+2)n + (-3+2) \\
&= n^3 - 3n^2 + 3n - 1
\end{aligned}$$

というあんばいです．同類項をたばにすると1つの項に整理されて

しまうところがミソといえるでしょう.

どうも話がつまらなくて恐縮です．けれども，降べきとか昇べきとか同類項とかの用語は，何はともあれ紹介してしまわなければならないので……．

理が有るとか無いとか

話がつまらないついでに，もう暫く，つまらない話に付き合ってください．

$$n^3 - 3n^2 + 3n - 1$$

のような式は**有理整式**と呼ばれます．で，つまらない話がもつれてくるのです．50ページに，式は等式と不等式と右辺左辺の区別がない式に分類され，等式は恒等式と方程式に，不等式は絶対不等式と条件付き不等式に区分されると書いてあったはずです．突如として現われた有理整式は，いったいどの区分に属しているというのでしょうか．

私たちは，いろいろな分類を生活の知恵として活用しています．百貨店の商品は，衣類，楽器，スポーツ用品 etc. に分類して配置されているので，数多くの商品があるにもかかわらず，容易に希望のものを見付けることができるし，生物は植物と動物に分類され，動物はほ乳類，魚類，鳥類，昆虫類 etc. に分類されているので，魚とか鳥とかの共通の概念で会話もできるし，知識も整理されようというものです．ところが，同じグループを分類するにも，いくつもの分類法があるのがふつうです．たとえば，書物は哲学，歴史，社会科学，……のようにも分類できるし，幼児むき，小学生むき，

III 式を分類する

> 毛がない人は
> あっち！

どの特性に注目するかで
分類法は異なる．

中学生むき，……というような分類もできるでしょうし，人間は男性，女性と分類されることもあるし，幼児，青少年，壮年，……と分類されることもあるように，です．あるグループをどの特性に注目して分類するのがよいかは，その分類作業の目的によって異なるのです．

式の分類についても，同じです．50ページの分類は式の両辺が等しいか等しくないかでまず分類し，つぎにその式がいつでも成立するのか特定の値のとき成立するのかで分類してあります．つまり，式が成立する条件に注目して分類していると言えるでしょう．

これに対して，式の形に注目した分類があっても不思議ではありません．この分類をご紹介してゆきましょう．まず，式を**代数式**と**超越式**に分類します．代数式は，数学や文字に有限回の代数計算を施した結果としてできた式です．いいかえれば，加減乗除の四則演算やルートに開くなどの代数計算だけによって作り出すことのでき

る式が代数式です．これに対して，三角関数や対数関数を含んだ式は，有限回の代数計算で表わすことができません．このような式を超越式と呼んでいます．たとえば

$$x^3 - ax + \frac{b}{x}$$

$$y = \sqrt[3]{x} + x$$

$$x^3 - cx > dx^2$$

などは，いずれも代数式ですし

$$\sin x - x$$

$$y = \log x$$

$$e^x > \cos^2 x$$

などは，いずれも超越式です*．

　代数式は，さらに，**有理式**と**無理式**に分類して考えるのがふつうです．有理式は，数字や文字を有限回だけ，加えたり，引いたり，掛けたり，割ったりして作り出せる形の式で，たとえば

$$x^3 - ax + \frac{b}{x}$$

$$x^3 - cx > dx^2$$

---

* $\sin x$, e^x などを代数計算だけで作ると
$$\sin x = x - \frac{x^3}{3!} + \frac{x^5}{5!} - \frac{x^7}{7!} + \frac{x^9}{9!} - \cdots\cdots$$
$$e^x = 1 + \frac{x}{1!} + \frac{x^2}{2!} + \frac{x^3}{3!} + \frac{x^4}{4!} + \cdots\cdots$$
のように無限に長い式になってしまいます．つまり，無限回の四則演算をくり返さないと $\sin x$, e^x などは作り出せないのです．興味のある方は，『微積分のはなし(下)【改訂版】』，『関数のはなし(下)【改訂版】』などをどうぞ．

などがそうです．そして，$\sqrt{}$ が含まれるような式，たとえば

$$y = \sqrt[3]{x} + x$$

などが無理式です．

さらに，有理式を**有理整式**と**有理分数式**に分類することもあります．有理式のうち，分数を含まない式，たとえば

$$n^3 - 3n^2 + 3n - 1$$

を有理整式といい，分数を含むような式，たとえば

$$x^3 - ax + \frac{b}{x}$$

を有理分数式というのです．

以上の分類を整理すると

$$\text{式} \begin{cases} \text{代数式} \begin{cases} \text{有理式} \begin{cases} \text{有理整式} \\ \text{有理分数式} \end{cases} \\ \text{無理式} \end{cases} \\ \text{超越式} \end{cases}$$

となるでしょう＊．50ページでは，式から成立する条件に注目して，等式，不等式などと分類したのですが，ここでは観点を一変し，式の形によって分類してみたのです．そして，すでにいくつかの例

＊ 『関数のはなし（上）【改訂版】』，144ページに関数を分類して

$$\text{関数} \begin{cases} \text{代数関数} \begin{cases} \text{有理関数} \begin{cases} \text{有理整関数} \\ \text{有理分数関数} \end{cases} \\ \text{無理関数} \end{cases} \\ \text{超越関数} \end{cases}$$

としてあります．式の分類と対照してみてください．まったく同じ分類に従っているのがわかります．

で察知できるように，代数式にも超越式にも，有理式にも無理式にも，有理整式にも有理分数式にも，等式があり不等式があり，さらに，右辺左辺の区別がない式も含まれています．ちょうど，人間の分類でいえば，男にも女にも幼児や青年や壮年があるように，です．

式を分類する

この章では，「式」を分類して整理してみました．50ページでは式が成立する条件に注目して，等式，不等式，……というように分類してみたのですし，前ページでは式の形に注目して，代数式，超越式，……と分類していったのです．そしてまた，前の章で紹介した連立なん元なん次方程式というような命名法も，考えてみれば式の分類法の一種であったことに気がつきます．組み合わされた式の数，未知数の数，未知数の次数によって，式を分類しているのですから……，いいかえれば，なん元なん次式という呼称は，式の諸元による分類とでもみなせるでしょう．

したがって，式は，「式が成立する条件」と「式の形」と「式の諸元」とによって分類し，整理することができそうです．この有様を図式化してみると，図 3.1 のようになるでしょう．「式」の全体が「式が成立する条件」によって左右方向に切断され，また，「式の形」によって前後方向に分割され，さらに「式の諸元」によって上下方向に刻まれていると考えると，それぞれの位置づけと相互関係が理解しやすいようです．一例としての図の中に薄ずみを塗った小さなブロックは有理整式で 1 元 1 次の方程式ですから，たとえば

図 3.1

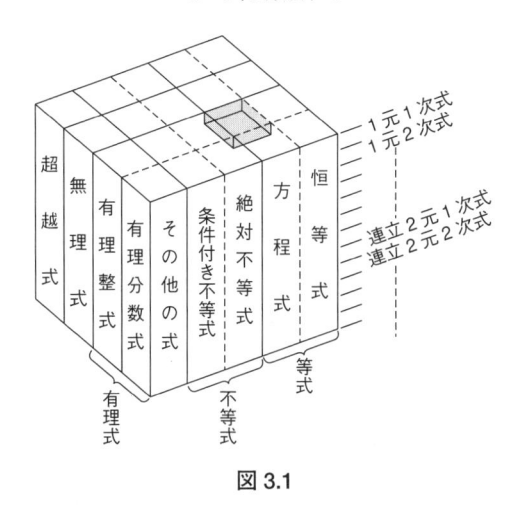

$$x + a = b$$

というような式を位置づけていることになります．また別の例として

$$\begin{cases} x + y > 1 \\ x^2 + y^2 < 1 \end{cases} \tag{3.7}$$

が，図3.1のどこに位置づけられているかを観察してみてください．この式は連立の2元2次式で，有理整式で，そして，xとyとが235ページでご説明するような条件を満たしたときにしか成立しませんから条件付き不等式です．したがって，図3.1では，薄ずみを塗ったブロックから左へ2つめの角柱の中の，下から3分の1くらいのところに位置しているにちがいありません．

ところで，話の順序が混乱していて申し訳ないのですが，前に，47ページで $5n$ や an のように項が1つしかないものを**単項式**，$5n + 20$ のように項が2つ以上あるものを**多項式**と呼ぶと書きまし

た．項の数だけで単項式と多項式を区別するなら，$\sin x$ は単項式とみなしてもよさそうに思えるかもしれませんが，$\sin x$ は 56 ページの脚注にも紹介したように

$$\sin x = x - \frac{x^3}{3!} + \frac{x^5}{5!} - \frac{x^7}{7!} + \cdots\cdots \tag{3.8}$$

という無限にたくさんの項の総和として表わされる値なので，これでは単項式とみなすわけにはいきません．このように超越関数には単項式という概念は適用できないのです．また，無理関数では

$$\sqrt{ax^2 + bx + c}$$

のような場合 $\sqrt{}$ の数は 1 つですが，その中には 3 つの項があり，単項式とみなすには無理があります．同様に有理分数式でも

$$\frac{1}{ax^2+bx+c}$$

は，ひとかたまりになっているので単項式のようにも見えますが，分母には 3 つもの項があり，単項式とみなすのは不自然です．その証拠に

$$\frac{1}{x^2-3x+2} = \frac{1}{x-2} - \frac{1}{x-1} \tag{3.9}$$

のように，ひとかたまりの分数式をふたつにバラスことができたりするので油断がなりません．いっぽう，有理整式の場合はどうでしょうか．同類項をたばにして整理してしまえば，単項式はどう見ても単項式でそれ以外に変形されることはないし，多項式の項の数も変わることはありません．こういうわけですから，単項式と多項式は有理整式の場合に限って使われる用語なのです．

IV　くせだらけの式

こま切れの方程式

芥川龍之介著の『蜘蛛の糸』は，つぎのように物語が展開します．
　或日の事でございます．御釈迦様は極楽の蓮池のふちを，独りでぶらぶら御歩きになっていらっしゃいました．ふと下の様子をごらんになると，蓮池の水晶のような水を透き徹して，地獄の景色がはっきりと見えるのです．そこには犍陀多という男が外の罪人といっしょにうごめいています．この男は，人を殺したり家に火をつけたり，いろいろ悪事を働らいた大泥坊ですが，たった一つ善い事をした覚えがあります．蜘蛛を一匹，助けたことがあるのです．そこで，御釈迦様はできるならこの男を地獄から救い出してやろうと，一本のくもの糸を遙か下の地獄の底へ，まっすぐに御下しになりました．
　地獄の底の血の池で，外の罪人といっしょにもがいていた犍陀多は，遠い遠い天上から，銀色の蜘蛛の糸がするすると自分

の上へ垂れてくるのを見ると，思わず手を拍って喜びました．この糸に縋りついて，どこまでものぼっていけば，きっと地獄からぬけ出し，うまく行くと，極楽へはいる事さえも出来ましょう．犍陀多は蜘蛛の糸を両手でしっかりとつかみながら，上へ上へとたぐりのぼり始めました．ところが，ふと気がつきますと，蜘蛛の糸の下の方には，数限りもない罪人たちが自分がのぼった後をつけて，まるで蟻の行列のように，やはり上へ上へ一心によじのぼって来るではございませんか．犍陀多は，これを見て仰天しました．自分一人でさえ断れそうな，この細い蜘蛛の糸が，どうしてあれだけの人数の重みに堪える事が出来ましょう．もし万一途中で断れたと致しましたら，折角ここまでのぼって来たこの肝腎な自分までも，元の地獄へ逆落しではありませんか．思わず犍陀多は「こら，罪人ども．この蜘蛛の糸は己のものだぞ．下りろ．下りろ」と叫びました．その途端に蜘蛛の糸は犍陀多のぶら下っている所から，ぷつりと音をたてて切れ，犍陀多はみるみるうちに暗の底へ，まっさかさまに落ちてしまいました……．

むごく，悲しいこの物語は，少年時代の私の心を強くひきつけたらしく，細い糸にしがみついて登っていく私自身の夢をよく見たものでした．不思議なことに，糸は切れもせず，しかし極楽へ到着もしない中途半端なところで，いつも夢が終わってしまうのですが，足の裏から腹の底に浸みわたるような不安感に耐え難い思いをしたものでした．そこで，糸にたくさんの罪人がぶら下ったとき，糸にどのような荷重がかかるかを調べてみようと思いたちました．

くもの糸に鈴なりにぶら下った男たちには，体重50kgの細身の

男や 100 kg の太った男もいるでしょうし，1 m の長さに 2 人も 3 人も目白押しにぶら下っているところや，3 m の長さを 1 人が独占しているところなどもあるかもしれないし，片手であやうくぶら下っているのや，両手両足でしがみついている奴などもいて，その様相は単純ではありません．そこで，手はじめに，つぎのような仮定が成立するとしてモデルを単純化し，糸に加わる荷重の式をたててみようと思います．

(1) 男たちの体重はすべて 60 kg とする．

(2) 男たちは，2 m おきにぶら下っていて，全体重をその位置で支えている．

(3) くもの糸には重さがない．

このくらい単純化すると，式をたてるのはさほどむずかしくありません．いちばん下の男がぶら下っている位置を原点とし，くもの糸に沿って上方への距離を x とすると，くもの糸にかかる荷重は

x が 0 から 2 m の間では　　60 kg

x が 2 m から 4 m の間では　　120 kg

x が 4 m から 6 m の間では　　180 kg

....

という次第です．が，このままでは，ちと困るのです．2 m ぴったりのところで

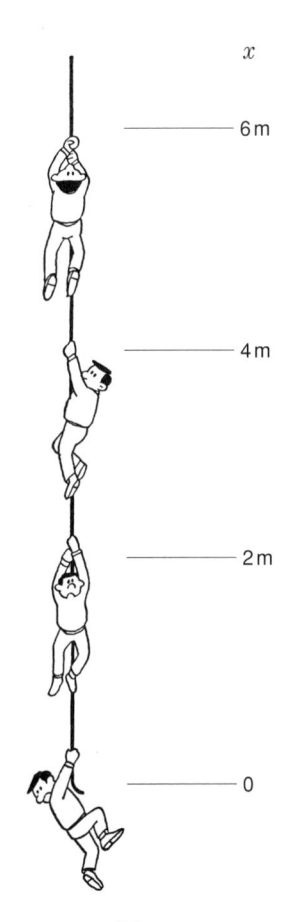

図 4.1

は60kgのようでもあり，120kgのようでもあるし，4mぴったりでは120kgなのか180kgなのかわからないからです．どちらにでもとれるようでは，正確さをモットーとする数字としてはぐあいが悪いのです．そこで，どちらかにはっきり決めてやります．ここでは，xがゼロのところ，つまり糸の端末にどんじりの男がぶら下っている，したがって，xがゼロの位置にすでに60kgの荷重がかかっていると考えましょう．同じように，2mの位置には2人めの男がしがみついているので，そこには120kgの荷重がかかっていると考えます．以下同様です．そうすると

xが　0 以上2m未満では　　60kg

xが　2m以上4m未満では　　120kg

xが　4m以上6m未満では　　180kg

……………………………………………

と書き直すことができます．ご承知のように，2m以上は2mを含んでそれ以上，2m以下は2mを含んでそれ以下，2m未満は2mは含まないでそれより小さな値なのですから，こう書き直せば2mの位置には120kg，4mの位置には180kgの荷重がかかっていることが明確に表現されています．さらに，これらを数式で書き表わすと，くもの糸にかかる荷重をyとして

$$\left. \begin{array}{l} y = 60\text{kg} \quad ただし \quad 0 \leq x < 2\text{m} \\ y = 120\text{kg} \quad ただし \quad 2\text{m} \leq x < 4\text{m} \\ y = 180\text{kg} \quad ただし \quad 4\text{m} \leq x < 6\text{m} \\ \cdots\cdots\cdots\cdots\cdots\cdots\cdots\cdots\cdots\cdots\cdots\cdots \end{array} \right\} \quad (4.1)$$

となります．

　この式は，いままでに取り扱ってきた式とずいぶん体裁が異なっ

ています．なにしろ，方程式がこま切れなのです．xとyとの関係をグラフに描いてみると図 4.2 の上図のように，xが 2m ごとにyの値は階段状に変化しています．あまり見馴れないグラフです．ところが，私たちの生活の中には，このようなこま切れの方程式で表わされるものが少なくありません．たとえば，東京都内のタクシーの料金は

最初の 2km まで　710 円
あと 288m ごとに　90 円

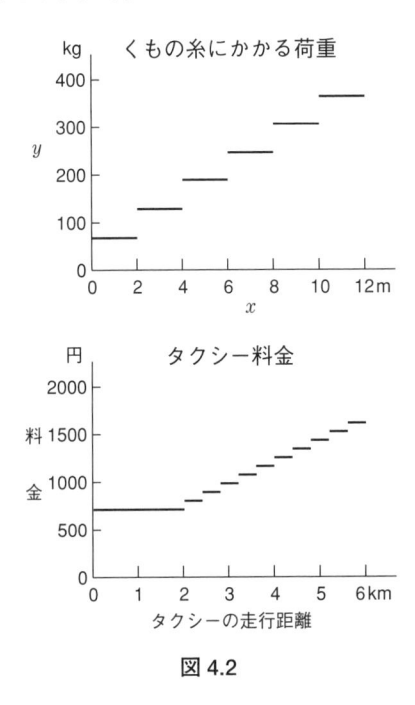

といった定め方をしているのがふつうです．グラフに描けば図 4.2 の下図のようになるので，こま切れの面目躍如です．

図 4.2

キセルの方程式

話はだんだんと凝ってゆきます．くもの糸は文字どおり糸のように細く，その重さは男たちの体重に較べれば微々たるもので無視してしまっても差支えありません．けれども，極楽のくもの糸ではない現実のくもの糸では何人もの体重を支えることは不可能ですから，現実の話としては，じょうぶな太いロープを使わなければなり

ません．そこで，こんどは

(1) 男たちの体重はすべて 60 kg とする．
(2) 男たちは，2 m おきにぶら下っていて，全体重をその位置で支えている．
(3) ロープの重さは 1 m あたり 10 kg とする．

と考えて，ロープにかかる荷重の式を作ってみようと思います．

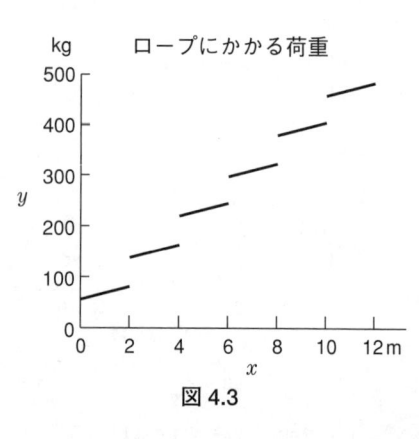

ロープにかかる荷重を y(kg) とし，どんじりの男がぶら下った位置からロープに沿って上方へ測った距離を x(m) とするところは前節と同じです．x の位置から下のロープ自身の重さは

$$10x \quad (\text{kg})$$

ですから，ロープにかかる荷重を表わす式は

$$\left.\begin{array}{l} y = 10x + 60 \,(\text{kg}) \quad \text{ただし} \quad 0 \leq x < 2\,\text{m} \\ y = 10x + 120 \,(\text{kg}) \quad \text{ただし} \quad 2\,\text{m} \leq x < 4\,\text{m} \\ y = 10x + 180 \,(\text{kg}) \quad \text{ただし} \quad 4\,\text{m} \leq x < 6\,\text{m} \\ \cdots\cdots\cdots\cdots\cdots\cdots\cdots\cdots\cdots\cdots\cdots\cdots \end{array}\right\} \quad (4.2)$$

図 4.3

となることに同意していただけると存じます．また，こま切れの方程式です．そして，こま切れの1つの区間内では，前節の場合と異なり y は x の1次式で表わされています．この有様をグラフに描いてみると図 4.3 のように，断層でこま切れにされた一定の傾きを持つ直線群が現われます．

Ⅳ　くせだらけの式

話はさらに凝ってゆきます．図4.4のように，男たちの体重も同じではないし，ぶら下っている位置も等間隔ではない場合の式を作ってみよう，というのです．その準備として

(1) 男たちの体重は w_0, w_1, w_2, w_3, …, w_i, …とする．

(2) 男たちの位置は，x_0, x_1, x_2, x_3, …, x_i, …とする．

(3) ロープの重量は単位長さ* あたり a とする．

のように文字で表わすことにしましょう．x_0, x_1, …と w_0, w_1, …との位置関係は，図4.4のとおりです．この場合，ロープにかかる荷重の式を作ることはさしてむずかしくはありません．x_i とか w_i とかの文字が並んだ式に嫌悪感や憎悪感を抱く方が多いのですが，理屈では，x_i とか w_i とかの文字は 2m とか 60kg とかの数字

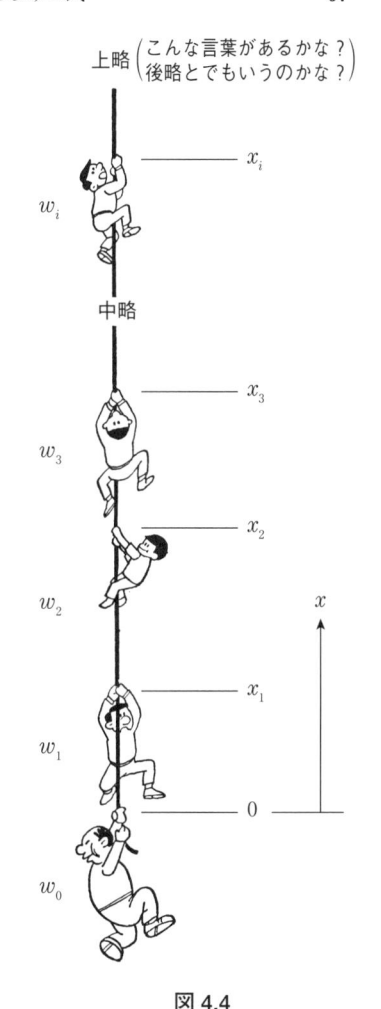

上略（こんな言葉があるかな？ 後略とでもいうのかな？）

中略

図 4.4

---

* 「重量が単位長さあたり a」という言いまわしは，慣れない方にはわかりにくいものです．この場合，単位長さとは「ある長さを1つの単位として」という意味で，1mm でも 5cm でも 8フィートでもなんでもよいのです．↗

と同じようなものなので,嫌ったり憎んだりする必要は,いささかもないのです.式(4.2)を参考にしながら,ロープにかかる荷重の式を作ってゆきましょう.

まず,ある x の位置から下のロープ自身の重さは

$$ax$$

です.そして,ロープ自身の重さのほかに,0 から x_1 までの間では w_0,x_1 から x_2 までの間では w_0+w_1,x_2 から x_3 までの間では $w_0+w_1+w_2$ の重さを支えなければなりません.したがって,ロープにかかる荷重 y は

$$\left.\begin{array}{l} y=ax+w_0 \qquad\qquad\qquad \text{ただし}\quad 0 \leq x<x_1 \\ y=ax+w_0+w_1 \qquad\qquad \text{ただし}\quad x_1 \leq x<x_2 \\ y=ax+w_0+w_1+w_2 \qquad \text{ただし}\quad x_2 \leq x<x_3 \\ \cdots\cdots\cdots\cdots\cdots\cdots\cdots \text{中略} \cdots\cdots\cdots\cdots\cdots\cdots\cdots \\ y=ax+w_0+w_1+w_2+\cdots+w_{i-1} \quad \text{ただし}\quad x_{i-1} \leq x<x_i \\ y=ax+w_0+w_1+w_2+\cdots+w_i \quad \text{ただし}\quad x_i \leq x<x_{i+1} \\ \cdots\cdots\cdots\cdots\cdots \text{(図 4.4 では上略)} \cdots\cdots\cdots\cdots\cdots \end{array}\right\}$$

(4.3)

と,いくらでも続けていくことができます.w_{i-1} とか,w_{i+1} とか

↘けれども一般には,1 mm,1 cm,1 m,1フィートなど,私たちが使い慣れた単位での「1」を選ぶと考えておけばよいでしょう.それに対応して a には

　　単位長さが1 cm なら　　　　g/cm,kg/cm　　　　など
　　単位長さが1フィートなら　　ポンド/フィート　　など
　　……………………… etc. ………………………

の単位が潜在的に含まれていると考えます.ちょうど w_i には kg,ポンドなど,x_i には cm やフィートなどの単位が,潜在的に含まれているようにです.

の文字が気に喰わない方は，i に，たとえば5を代入してみてください．中略と後略の間の2行は

$$y = ax + w_0 + w_1 + w_2 + w_3 + w_4 \qquad ただし \quad x_4 \leqq x < x_5$$
$$y = ax + w_0 + w_1 + w_2 + w_3 + w_4 + w_5 \quad ただし \quad x_5 \leqq x < x_6$$

となります．この i を，6，7，8，……と必要なところまで使用すればよいことを式(4.3)は表わしています．

ところで，$w_0 + w_1 + w_2 + w_3 + w_4$ などと書くのは，4つか5つくらいまではがまんするとしても，10個や20個にもなると，あほらしくて，付き合っていられません．そこで，たとえば w_0 から w_{10} までの11個を加えるときには

$$w_0 + w_1 + w_2 + \cdots + w_{10}$$

のように，手を抜いてしまいます．キセル乗車＊みたいなものです．キセルを利用すれば w_0 から w_{99} まで100個のたし算でもわけはありません．

$$w_0 + w_1 + w_2 + \cdots + w_{99}$$

とやればよいのですから……．

けれども，この書き方は，厳密をモットーとする数学ではあまり好まれないのです．この書き方では w_{45} や w_{77} や w_{78} などが確実に加え合わされているという保証がないではないかと意地悪なチャチャを入れられると，反証がないからです．そこで，こういうときには

＊ あまり見かけることはないので，ご存知のない方も多いかもしれませんが，キセルはきざみたばこを詰めて火をつけるがん首と吸い口とが金属製で，その中間は竹の筒で作られています．最短距離の乗車券で乗車し，下車駅は定期券で通過する様が，両端だけにかねが使われているキセルとそっくりなので，この名が付けられています．

$$\sum_{i=0}^{99} w_i$$

という書き方をします．これは，w_0 から w_{99} まで途中を省略することなしに加え合わせるという数学の記号です．つまり，w_i の i を 0 から順次 99 まで変化させながら，その総和を求めることを表わしています．Σ はギリシア文字でシグマと読み，ローマ字の S に相当します．英語ではたし算を Summation といいますので，その頭文字 S に相当する Σ がたし算を意味する記号として使われているわけです．Σ を使用すると，その中味は正確です．たとえば

$\sum_{i=1}^{5} a_i$ は確実に，$a_1 + a_2 + a_3 + a_4 + a_5$

を表わしていて，$a_1 + a_3 + a_5$ や $a_1 + a_2 + a_4 + a_5$ では決してないのです．なお，a_1 から a_i までの総和は

$$a_1 + a_2 + \cdots + a_i = \sum_{i=1}^{i} a_i \tag{4.4}$$

と書くのがふつうですが，a_i の i を 1 から i まで変化させながら総和を求めるという表現が，a_i の i ははじめから i ではないか，などと考え込んでしまうむきもあるので

$$a_1 + a_2 + \cdots + a_i = \sum_{j=1}^{i} a_j \tag{4.5}$$

のように，a_j の j を 1 から i まで変化させながら総和を求めると書くこともあります．式 (4.4) では式 (4.5) の j の代わりに i を使っただけなのですが，その i が「1 から i まで変化させる」ほうの i と同じ文字なので，混線しやすいのだと思います．そういう意味では，式 (4.4) より式 (4.5) のほうが親切かもしれません．

さて，これだけの準備をすると，68ページの横幅いっぱいに7行を必要とした式(4.3)は

$$y = ax + \sum_{i=0}^{i} w_i \quad \begin{array}{l} \text{ただし} \quad x_i \leqq x < x_{i+1} \\ \text{なお} \quad x_0 = 0 \end{array} \quad (4.6)$$

という，簡単な式になってしまいます．その証拠に，iを0とすれば

$$y = ax + w_0 \qquad \text{ただし} \quad 0 \leqq x < x_1$$

iを1, 2, …, $i-1$, iとしてみると

$$y = ax + w_0 + w_1 \qquad\qquad \text{ただし} \quad x_1 \leqq x < x_2$$

$$y = ax + w_0 + w_1 + w_2 \qquad\qquad \text{ただし} \quad x_2 \leqq x < x_3$$

……………………………………………

$$y = ax + w_0 + w_1 + w_2 + \cdots + w_{i-1} \quad \text{ただし} \quad x_{i-1} \leqq x < x_i$$

$$y = ax + w_0 + w_1 + w_2 + \cdots + w_i \quad \text{ただし} \quad x_i \leqq x < x_{i+1}$$

となって，これは式(4.3)と同じではありませんか．

調子に乗って，かなり本格的な式の表現法に足を踏み入れてしまいました．式(4.6)のような・こ・け・お・ど・しの方程式も，実は張り子の虎であることを知っていただければ幸いです．

口直しにクイズをひとつ……，長い長い銅線の一端を気球か何かにしばりつけてどんどんと上へ持ちあげていくとしましょう．高くなればなるほど，ぶら下っている銅線は長くなりますから，その目方も重くなります．いずれは，自身の重さに耐えかねて，ぷっつりと切れてしまうにちがいありません．そこで

(1) 切れる場所は，どのあたりか．

(2) 銅線の直径によって，持ち上げられる銅線の長さはどう変わるか．

(3) いったい，どのくらいの高さまで持ち上げられるか．ただ

し，銅線の比重は9，銅線が切れる荷重は断面積 $1\,\text{cm}^2$ あたり $3000\,\text{kg}$．

の3つの問題に答えてください．正解は238ページの付録をどうぞ．

条件付きの方程式

ごく意地の悪い問題を二つ三つ……．

〔第1問〕 500人のグループが60人乗りのバスに分乗して週末旅行に出ようと思います．必要なバスの台数を求めるための方程式を作ってください．

やさしそうな問題です．必要なバスの台数を x とおけば，x 台のバスに乗れる人数は $60x$ ですし，いっぽうバスに乗りたい人数は500だからというので，多くの方がたちどころに

$$60x = 500 \tag{4.7}$$

とお書きになったことでしょう．まことに遺憾です．この方程式がなぜイカンのかというと，では，この方程式を解いてみてください．

$$x = \frac{500}{60} = 8.333\cdots\cdots$$

となってしまいます．いったい $8.333\cdots\cdots$ 台のバスとはなんでしょうか．8台のバスはわかるにしても，あとの $0.333\cdots\cdots$ 台のバスは合点がいきません．こんなバスで週末旅行に出るわけにはいきませんから，式(4.7)は正解ではないのです．

では，第1問に対する方程式はどう書けばよいでしょうか．

$$60x = 500$$

　　　　ただし，x は正の整数

としたのでは，そのような x は存在しませんからダメですし

　　　　$60x \geqq 500$

　　　　ただし，x は正の整数

とすると，x は，8，9，10，11，……がぜんぶ正解になってしまうので，500人の週末旅行のために数百台のバスが迎えにくることにもなりかねません．さあどうしよう，です．こういうときは，すなおに

$$\left.\begin{array}{l} 60x = 500 \\ \text{ただし，}x\text{ の端数は切り上げて正の整数とする} \end{array}\right\} \quad (4.8)$$

とでも書くしか知恵がありません．

　バスの台数が正の整数でしかあり得ないので，こんなことが起こるのですが，しかし，現実にはこういう問題が少なくありません．2トン積みのトラックで7トンの雑貨を運びたいのですが，ぜんぶを運ぶのにトラックは何往復する必要があるでしょうか．とか，1日に1人の職人が3個だけ作ることのできる工芸品を1日で10個作りたいのですが何人の職人をやとえばよいでしょうか．とか，いくらでも思いつきます．これらも，トラックの往復や職人の数が正の整数でしかあり得ないところに共通の特徴があります．

〔第2問〕　パチンコの玉が正方形の皿いっぱいにきっちりと並んでいます．そのうち，3列の玉を使ったら残りが108個になりました．皿いっぱいに何個の玉が並んでいたのでしょうか．

　皿が正方形ですから，玉がたてよこに n 個ずつ並んでいたとします．したがって，皿いっぱいに n^2 個の玉があったことになります．

そのうち3列，つまり$3n$個の玉を使ったら残りが108個になったのですから，私たちの方程式は

$$n^2 - 3n = 108$$
$$\therefore \quad n^2 - 3n - 108 = 0 \tag{4.9}$$

だと考えるところまでは正しいのですが，このままでは百点ではありません．この方程式を因数分解*すると

$$n^2 - 3n - 108 = (n-12)(n+9) = 0$$

となりますから

$$n = 12 \quad \text{および} \quad -9 \tag{4.10}$$

が，この方程式の解です．そして，皿いっぱいの玉はn^2ですから

$$n^2 = 144 \quad \text{または} \quad 81$$

が〔第2問〕の答です．けれども，検算をしてみると奇妙なことに気がつきます．たてよこ12個ずつ総計144個のうち，3列分の36個を使ってしまうと，残りは確かに

$$144 - 36 = 108$$

ですから答は正解です．ところが，たてよこ9個ずつ総計81個のうち3列分の27個を使うと，残りは

$$81 - 27 = 54$$

になってしまいますから，どこかが間違っているにちがいありません．そうです．私たちは，式(4.9)を解いて

$$n = 12 \quad \text{および} \quad -9 \qquad (4.10)\text{と同じ}$$

としたところで間違いを犯しているのです．nはたてよこの玉数です．現実の玉数がマイナスになることはありませんから，-9は現

---

* 因数分解については，122ページでやや詳しく述べるつもりです．

実的には無意味な値で排除しなければならなかったはずです．このような間違いを犯してしまった原因は，〔第2問〕を解くための方程式(4.9)が不完全であったからで，正しくは

$$\left.\begin{array}{r}n^2-3n-108=0 \\ \text{ただし，}n\text{は正の整数}\end{array}\right\} \quad (4.11)$$

とするのがほんとうでした．

〔第3問〕 正方形の面積が64cm^2であるとき，その正方形の一辺の長さを求める方程式を作ってください．

ナーンダとお思いでしょう．正方形の一辺の長さを$x\text{cm}$として
$$x^2=64 \quad (4.12)$$
とすれば万事OKのようです．ところが，ここに陥し穴があるのです．式(4.12)からxを求めてみましょう．

$$x=8$$

が，もちろん解ですが，このほかに，もうひとつ

$$x=-8$$

も解なのです．その証拠に，この式を2乗してみると式(4.12)に戻ってしまうではありませんか．ところが，$x=-8$ということは一辺の長さがマイナス8cmであることを意味します．残念ながら私たちの住む3次元の世界にはマイナス8cmの一辺は存在しませんから，この答はまちがいです．まちがった答が出たのは答を求めるための方程式が完璧ではなかったからにちがいありません．〔第3問〕に対する完璧な方程式は

$$\left.\begin{array}{r}x^2=64 \\ \text{ただし，}x>0\end{array}\right\} \quad (4.13)$$

であったことに気がついて，深く反省することになります．反省の

ないところに向上はない……．

3つの例題とも，方程式を解くための条件が付記されていました．問題の意味を正確にとらえて正しい式をたてるためには，このようなキメの細かい配慮が必要です．とくに，自分の作った式を他人やコンピュータに計算してもらうときには，このへんに落ちがあると，とんでもない結果が現われることが少なくありません．なにしろ，相手は方程式が作られた趣旨を知らないまま，ただひたすら数学的な答を計算するにすぎないのですから．

ぐるぐる回りの方程式

ひきつづき珍問を提供してまいります．

〔第4問〕 円形のトラックでカメ吉とウサ公の競走です．カメ吉がちょうど半周だけ走ったとき，それを追いかけてウサ公がスタートしました．途中経過はまったく不明なのですが，ともに一定の速さで走っていることは確かです．その後のある瞬間に，出発点を1/4周すぎたところでカメ吉がウサ公に追い抜かれるのが目撃されました．ウサ公はカメ吉のなん倍の速さでしょうか．

たいしてむずかしい問題とは思えません．図4.5を見ながら考えると，ウサ公は出発後，$1\frac{1}{4}$周だけ走ったところでカメ吉に追いつき追いこしたのですが，この間にカメ吉は$\frac{3}{4}$周だけ走ったことになります．したがって

$$\frac{ウサ公の速さ}{カメ吉の速さ} = \frac{1\frac{1}{4}}{\frac{3}{4}} = \frac{5}{3} \tag{4.14}$$

ですから，ウサ公の速度はカメ吉の速度の $\frac{5}{3}$ 倍……．

たしかに，ウサ公の速度がカメ吉の $\frac{5}{3}$ 倍なら，出発点を $\frac{1}{4}$ 周すぎたところでウサ公がカメ吉を追いこします．ですから，この答は正解かもしれません．けれども，この答が確実に正解かというと，そうではありません．な

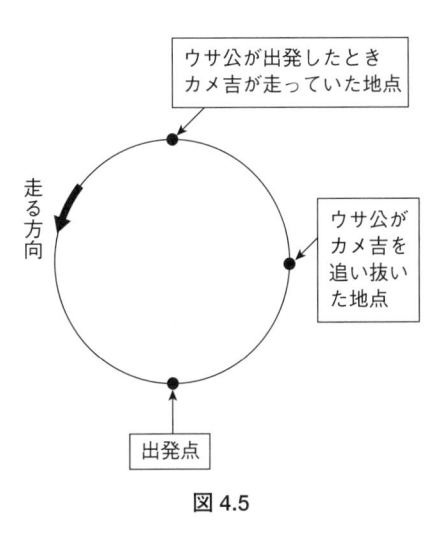

図 4.5

ぜなら，ウサ公とカメ吉の走力がもっと接近していて，ウサ公が $2\frac{1}{4}$ 周したところで $1\frac{3}{4}$ 周したカメ吉に追いついたところを偶然に目撃されたのかも知れないからです．逆に，ウサ公のスピードがカメ吉よりはるかに優っていて，カメ吉が $\frac{3}{4}$ 周する間にウサ公はトラックを5周と $\frac{1}{4}$ も走って，たまたま出発点を $\frac{1}{4}$ すぎたところでカメ吉を追い抜いたところを目撃されたのかもしれません．とに角，問題では途中経過がまったく不明なのですから，こういう場合も考慮に入れないと百点の解答とはいえないのです．

そこで，目撃された時点までは

ウサ公は n 周と $\dfrac{1}{4}$ 周 $(n = 1, 2, 3, \cdots)$

カメ吉は m 周と $-\dfrac{1}{4}$ 周 $(m = 1, 2, 3, \cdots)$

したとしましょう．カメ吉のほうは，m 周と $\dfrac{3}{4}$ 周としてもよいのですが，その場合には $(m = 0, 1, 2, \cdots)$ としなければならず，ウサ公の $(n = 1, 2, 3, \cdots)$ と形が揃わないので m 周と $-\dfrac{1}{4}$ 周としたのです．そうすると，ウサ公とカメ吉の速さの比は

$$\left. \frac{\text{ウサ公の速さ}}{\text{カメ吉の速さ}} = \frac{n + \dfrac{1}{4}}{m - \dfrac{1}{4}} = \frac{4n+1}{4m-1} \right\} \quad (4.15)$$

ただし，n と m は正の整数

で表わされます．これで問題に対する式ができたかと思うと，まだ完全ではないから，いやになってしまいます．なぜ完全ではないかというと，たとえば，n が 1，m が 2 の場合をみてください．式 (4.15) は $\dfrac{5}{7}$ になるのですが，これはウサ公よりカメ吉のほうが速いことを意味します．これではウサ公がカメ吉に追い抜かれることになってしまうので，問題に違反します．ウサ公がカメ吉を追い抜くためには，ぜひ

$$4n+1 > 4m-1 \quad (4.16)$$

であってほしいのです．この不等式を変形すると*

$$n - m > -0.5$$

となりますが，n も m も正の整数ですから，n が m より大きいか，または n と m が等しければこの関係が成立するので

$$n \geqq m$$

であれば，ウサ公がカメ吉を追い抜くことを表わします．ここまで用心しておけば，もうだいじょうぶ，私たちの〔第4問〕の正しい式は

$$
\left.
\begin{array}{c}
\dfrac{\text{ウサ公の速さ}}{\text{カメ吉の速さ}} = \dfrac{4n+1}{4m-1} \\
\text{ただし，} n \text{と} m \text{は正の整数} \\
n \geqq m
\end{array}
\right\} \quad (4.17)
$$

ということに，あいなるのであります．したがって，〔第4問〕の答は，式(4.17)を満足する値のどれかであり，どれであるかは問題の内容からは断定できません．もし，出題者の意図が，ウサ公が1周と$\dfrac{1}{4}$のところではじめてカメ吉を追い抜いたとして答を求めているなら，きちんとそう書く必要があったのです．

式(4.17)によってウサ公とカメ吉の速さの比を計算すると表4.1のようにたくさんの答が出てきます．ウサ公の速さが無限大であったり，カメ吉の速さが無限にゼロに近かったり，スタートから追い抜くまでの時間が無限大であったりしない限り，式(4.17)から計算される値はとびとびの値です．このように，答がとびとびの値しかとらないような問題は，前節のバスの台数，職人の人数，パチンコの玉数などのように正の整数でしかあり得ない場合もそうですが，私たちの身の回りには意外に多いものです．こういうとき，式のた

---

* 不等式は等式の場合と同じように変形してはいけない場合があります．第Ⅷ章で詳しく述べるつもりですが，式(4.16)の場合には左辺の1を右辺へ，右辺の$4m$を左辺へ移項し，両辺を4で割るという操作をして$n - m > -0.5$を作り出すことができます．

表 4.1

ウサ公 カメ吉	n $4n+1$	1	2	3	4	5	……
m \ $4n-1$		5	9	13	17	21	……
1	3	1.600	3.000	4.333	5.666	7.000	……
2	7		1.285	1.857	2.428	3.000	……
3	11			1.181	1.545	1.909	……
4	15				1.133	1.400	……
5	19					1.105	……
⋮	⋮						

て方には細心の注意を払う必要があります．

〔第5問〕 高さ173mの のっぽビルから100m離れてこのビルを見上げると，仰角は何度でしょうか．

三角関数のごく初歩の問題です．仰角を x とすれば

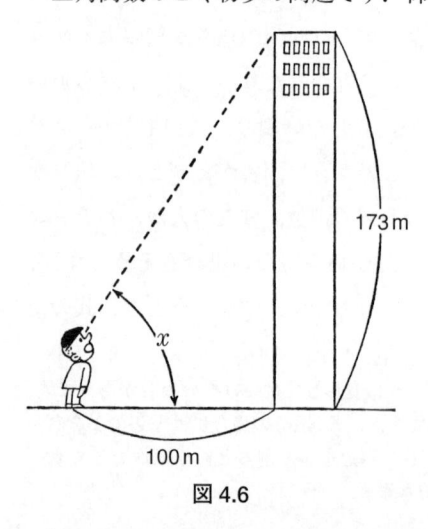

$$\tan x = \frac{173\,\mathrm{m}}{100\,\mathrm{m}} = 1.73 \quad (4.18)$$

になるような x を求めればよいと割り切って，三角関数の数表や電卓を使って x を求めると約 60°になる，これが答……とすましていてはいけません．式(4.18)を満足するような x は，60°のほかに

図 4.6

Ⅳ　くせだらけの式

$$360° + 60°, \quad 720° + 60°, \quad 1080° + 60°, \quad \cdots\cdots$$
$$240°, \quad 360° + 240°, \quad 720° + 240°, \quad \cdots\cdots$$
$$-300°, \quad -360° - 300°, \quad -720° - 300°, \quad \cdots\cdots$$
$$-120°, \quad -360° - 120°, \quad -720° - 120°, \quad \cdots\cdots$$

のように，無数にたくさんあるからです*．こういうとき，問題を解くための式は

$$\left.\begin{array}{c} \tan x = \dfrac{173\,\mathrm{m}}{100\,\mathrm{m}} = 1.73 \\ \text{ただし，}0 \leq x \leq 90° \end{array}\right\} \quad (4.19)$$

というように，きちんと書く習慣をつけましょう．

絶対値入りの方程式

　西洋に「仲のわるい姉妹」という表現があります．2つの乳房が左右に離れて互いにそっぽを向いているのを「仲のわるい姉妹」といい，それが美しい女体の条件なのだそうです．私には，きりりと接近して仲良く並んだ乳房のほうが恰好がいいように思えるのです

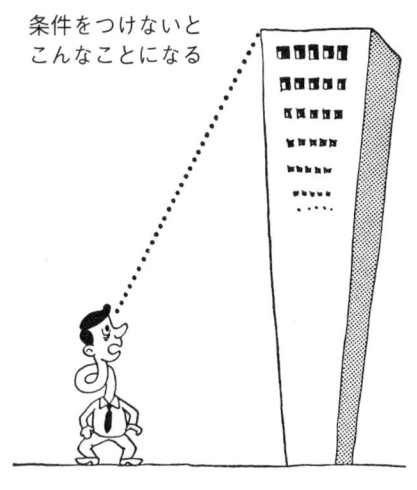

条件をつけないとこんなことになる

仰角 360° + 60°？

図4.7

＊　『関数のはなし【改訂版】(上)』，152ページと198ページを参照してください．

が，これは審美眼の差なのですから，しかたがありません．いずれにしろ，2つ並んだ豊かな隆起は男性にとっては憧憬の的です．そのためか，自然の中にも2つの隆起が並んでいるために根強い人気を博し，神格化されている風景も少なくありません．たとえば茨城県の南部の平野にぽこんと盛り上った筑波山は，山頂が男体山 (870m) と女体山 (876m) の二峰に分かれているためか，ガマの油をはじめ多くの伝説に富み，古くから信仰の地として知られています．

そこで，ある国の村長さんが，ワシの村でも一対の山を神格化して観光客を誘致したらええんちゃうか，と考えたと思ってください．ユニークなアイデアなのですが，困ったことに，村にある一対の山は，どちらかが高すぎたり低すぎたりして，どれもこれもが高さが不揃いなのです．これを神格化するのはむずかしいので，近代文明の機械力にものを言わせて高いほうの山頂を削りとり，低いほうと高さを合わせて「仲のわるい姉妹」のような一対の山を作り出すことにしました．山頂を削りとるには，削りとる高さの3乗に比例した費用がかかるのですが，この際やむを得ません．

さて，高さ h_1 と h_2 の山が並んでいます．高いほうの山頂を削って高さを揃えるために必要な費用を算出する式を作ってください．

まず，削りとらなければならない高さは

$$\left.\begin{array}{ll} h_1 > h_2 & なら \quad h_1 - h_2 \\ h_1 = h_2 & なら \quad 0 \\ h_1 < h_2 & なら \quad h_2 - h_1 \end{array}\right\} \quad (4.20)$$

です．したがって，削りとるのに必要な費用は，比例定数を a として

IV　くせだらけの式

$h_1 > h_2$　なら　$a(h_1 - h_2)^3$

$h_1 = h_2$　なら　0

$h_1 < h_2$　なら　$a(h_2 - h_1)^3$

となります．式の体裁をいままでと揃えると

$$\left. \begin{array}{ll} a(h_1 - h_2)^3 & \text{ただし}\quad h_1 > h_2 \\ 0 & \text{ただし}\quad h_1 = h_2 \\ a(h_2 - h_1)^3 & \text{ただし}\quad h_1 < h_2 \end{array} \right\} \quad (4.21)$$

という次第です．

　式(4.20)は，けれどもあまり気が効いた式とは言えません．たくさんの男たちがぶら下ったくもの糸にかかる荷重を表わした式(4.1)や式(4.2)ほどではないにしても，これだけの内容を表わすのに3つもの式を並べるのは大げさすぎる感じです．なぜこうなったかというと，h_1とh_2の差を求めるために大きいほうから小さいほうを引きたいのですが，どちらが大きいかわからないために，h_1が大きい場合，両者が等しい場合，h_2が大きい場合の3ケースに分けて式を作ってしまったからです．確かに小さいほうから大きいほうを引いてしまった場合にはマイナスの値になってしまい，2つの値の差がマイナスなのは私たちの常識に反します．けれどもこの場合には，得られた答からマイナス符号を取り去ってしまいさえすれば，それがそのまま「差」を表わします．たとえば，3と5との差は

　　　$5 - 3 = 2$

であると同時に

　　　$3 - 5 = -2$　から　−符号を取り去った2

であるようにです．

ところで，ある値 A がプラスであればそのまま，マイナスであればマイナス符号を取り去ってプラスにしてしまうような操作を

$|A|$

と書き，$|A|$ を A の**絶対値***と呼ぶことはご存知の方も多いと思います．実は，$|A|$ は A がマイナスであればマイナス符号を取り去ってプラスにしてしまう，というのは正しいとらえ方ではなく，$|A|$ は A がプラスであるかマイナスであるかは気にしないで，その絶対的な大きさだけに関心を示すという趣旨なのですが，数学的な取扱いとしては，マイナスであればマイナス符号を取り去ってプラスの値にしてしまうことを意味すると解釈しておけばだいじょうぶでしょう．たとえば

$|5-3| = 2, \quad |3-5| = 2$

です．これを応用すると「仲のわるい姉妹」のような一対の山を作るために削りとらなければならない高さを表わす式(4.20)は

$|h_1 - h_2|$

と，いっぱつで書くことができます．これで，h_1 のほうが大きくても，h_2 のほうが大きくても，両者が等しくても，両者の差が端的に表現されてしまいます．したがって，削りとるのに必要な経費の式(4.21)も

$$a\{|h_1 - h_2|\}^3 \tag{4.22}$$

と，いとも簡単に書き表わすことができます．

---

* A が実数のとき $|A|$ はつぎのように定義されます．
$|A| = A \quad A \geq 0$ のとき
$|A| = -A \quad A < 0$ のとき

ばらつきの方程式

絶対値が使われるもうひとつの例を挙げてみましょう．私たちが数値の集団を調べるときに通常もっとも関心を払うのはそれらの平均値ですが，それらのばらつきにも関心を払う必要があることが少なくありません．たとえば，2つの時計について1日あたり何分狂うかのデータを1週間にわたって集めてみたところ，A型の時計は

〔A型〕 −1, −1, 0, 1, 1, 2, 5 （単位は分）

であり，いっぽうB型の時計は

〔B型〕 2, 2, 2, 3, 3, 4, 5 （単位は分）

であったとします．どちらが良い時計でしょうか．両方の平均値を計算してみると，1日あたりの狂いは

〔A型〕 1分

〔B型〕 3分

なので，A型のほうが優れていると判定するのは正しくはありません．たいていの時計には進み遅れを修正するためのレバーがついていて，簡単に修正することができますから，A型については1分，B型については3分ぶんだけ遅れるように修正してみたと思ってください．さきほどのデータはA型については1分，B型については3分ずついっせいに減って

〔A型〕 −2, −2, −1, 0, 0, 1, 4 （単位は分）

〔B型〕 −1, −1, −1, 0, 0, 1, 2 （単位は分）

になるであろうことは想像に難くはありません．このデータならB型のほうに軍配が上がります．B型のほうが進み遅れのばらつきが

少なく安定しているからです．それに，進み遅れのばらつきは，軸受や歯車のガタのような簡単には取り除くことのできない原因から起こっているので，時計を修正したくらいではB型の優位が崩れることはありません．このように，数値の平均値よりばらつきが重要な意味を持つことが少なくないのです．

では，数値のグループのばらつきの大きさをどのように表現したらよいでしょうか．一例として

$$-1, \ -1, \ 0, \ 1, \ 1, \ 2, \ 5 \quad （平均は 1）$$

を対象に考えてみることにします．ばらつきを表現する方法としてすぐ気が付くのは，最小の値と最大の値との差（この場合は6）で，ばらつきの大きさを表わす方法です．最大値と最小値の差は**レンジ**と呼ばれ，レンジでばらつきの大きさを表わすのも確かに簡単で有効な方法です．けれども，この方法では7つのデータのうち2つだけしか使用されていません．せっかく7つのデータがあるのに，その情報がじゅうぶんに活用されていないのは不満です．

そこで，ばらつきとは何かについて虚心に考えてみると，個々の値が平均値からどれだけ離れているかがばらつきの大きさであることに思い至ります．で，7つのデータのそれぞれから平均値（1）を引いて平均値からの隔たりを求めてみると

$$-2, \ -2, \ -1, \ 0, \ 0, \ 1, \ 4$$

が得られます．マイナスの値は平均値より小さいほうへ，プラスの値は平均値より大きいほうへ隔たっているわけです．これらが個々の値のばらつきっぷりを示しているのですから，全体のばらつきの大きさは，これらを平均してやればいいだろうと誰でも考えるのですが，しかし，やってみると思いがけない障害に遭遇してしまいま

す．平均値を求めようとしてこれらの値を加え合わせると必ずゼロになってしまうのです．それもそのはず，生のデータからそれらの平均値を引くことによってゼロからの隔たりの総和がゼロになるように操作してしまっているのですから……．

けれども，考えてみると個々の値がゼロからプラスのほうに離れようと，マイナスのほうに離れようと，隔たりっぷりを評価する立場からいえば同じことで，その隔たりの絶対値だけを問題にすればよいはずです．そこで，生のデータから平均値(1)を引いて求めた隔たりの大きさ

$$-2,\ -2,\ -1,\ 0,\ 0,\ 1,\ 4 \quad (15行前と同じ)$$

の絶対値をとって

$$2,\ 2,\ 1,\ 0,\ 0,\ 1,\ 4$$

とします．個々のデータの平均値からの隔たりを表わす値です．この値を**偏差**といいます．全体のばらつきの大きさを評価するためには，これらを平均した値を示せばよさそうです．つまり，私たちのデータ

$$-1,\ -1,\ 0,\ 1,\ 1,\ 2,\ 5 \quad (前ページ8行めと同じ)$$

のばらつきの大きさは

$$\frac{2+2+1+0+0+1+4}{7} \fallingdotseq 1.43$$

で示すことができます．いうなれば，私たちの生データの個々の値は平均値から平均して1.43だけ離れたところにある，ということです．ばらつきの大きさを示すためのこの値は**平均偏差**と呼ばれています．偏差の平均値だからです．

この計算の過程を整理してみます．生データを

$$x_1, \ x_2, \ x_3, \ \cdots, \ x_i$$

とします．これらの平均値を求めて，それを $\bar{x}$ とします．つまり

$$\frac{x_1+x_2+x_3+\cdots+x_i}{i} = \bar{x} \tag{4.23}$$

です． $\bar{x}$ は x の上にバーがついているので，エックスバーと読みます．この章の前のほうで紹介した Σ を使えば

$$\frac{1}{i}\sum_{i=1}^{i} x_i = \bar{x} \tag{4.24}$$

と書くことができます．こうして平均値 $\bar{x}$ を決めると，個々のデータが平均値から隔たっている大きさの絶対値は

$$|x_1-\bar{x}|, \ |x_2-\bar{x}|, \ |x_3-\bar{x}|, \ \cdots, \ |x_i-\bar{x}|$$

と書き表わされます．これが偏差です．ばらつきの大きさを示すための平均偏差はこれらを平均したものですから

$$\frac{1}{i}\{|x_1-\bar{x}| + |x_2-\bar{x}| + |x_3-\bar{x}| + \cdots + |x_i-\bar{x}|\} \tag{4.25}$$

となります． Σ を使ってさわやかに書けば平均偏差*は

---

* 絶対値は，数値計算に使われているうちはそうでもありませんが，微分とか積分などの運算にはとても不向きなので，数学では持て余しものです．そのため，絶対値を含む平均偏差はばらつきの指標としてはどちらかといえば敬遠され，絶対値によってマイナスを取り去るのではなく，2乗することによってマイナスを取り去って作り出した**標準偏差**のほうが広く愛用されています．標準偏差は

$$\sqrt{\frac{\sum(x_i-\bar{x})^2}{n}}$$

で表わされます．詳しくは『統計のはなし【改訂版】』を見ていただければ幸いです．

$$\text{平均偏差} = \frac{1}{i} \sum_{i=1}^{i} |x_i - \bar{x}| \tag{4.26}$$

という次第です.

ところで，式(4.26)を絶対値記号｜ ｜を使わないで書いてみませんか．これは，えらいことです．x_1, x_2, x_3, …, x_iのそれぞれが$\bar{x}$より大きい場合と小さい場合のすべての組合せごとに別の式になるのですから，とても書ききれるものではありません．ぜひとも，｜ ｜を使わしてもらわないことには，はじまらないのです．

比　例　式

この本の大きさは横128mm，縦182mmです．十の桁と一の桁の2と8が入れ違いになっているだけですから覚えやすい寸法です．そして，この本を2冊並べると週刊誌の大きさになり，週刊誌を2冊並べると美術書や地図などの大きさになり，それを2つ並べると電車の中吊り広告の大きさになります．つまり，中吊り広告を2つ折りにすると美術書に，美術書を2つ折りにすると週刊誌に，それを2つ折りにするとこの本の大きさになるのです．ところで，中吊り広告も美術書も週刊誌もこの本も縦と横の割合が同じです．この本のサイズを2つ折りにしても，さらにまた2つ折りにしても縦と横の比は変わりません．縦と横の比がどのような場合にこういうことになるのでしょうか．

図4.8を見てください．縦a，横bの紙を2つ折りにすると，縦b，横$a/2$の紙になります．2つ折りにする前と後とで縦と横の比が変わらないのですから

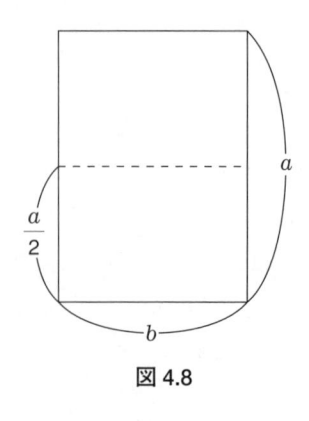

$$a : b = b : a/2 \tag{4.27}$$

でなければなりません．これが2つ折りにしても縦と横の比が変わらないことを表わす式です．

式(4.27)は両辺が等号で結ばれているので等式です．けれども，いままでの等式と違ってちっと風変りな形をしています．なにしろ：などという記号が含まれているのです．

図4.8

もっとも：は私たちにとって目新しい記号ではなく，aとbの比を$a:b$と書くことはご存知のとおりです．そして式(4.27)とか

$$A : B = C : D \tag{4.28}$$

のように，2つの比が等しいことを示す等式を**比例式**と呼んでいます．つまり，比例式は等式の一形式なのです．

式(4.28)は，また

$$\frac{A}{B} = \frac{C}{D} \tag{4.29}$$

と書いても同じことです．$A:B$は，AがBの何倍であるかを表わす関係であり，式(4.28)はAのBに対する倍数とCのDに対する倍数とが等しいことを表わしているのですから，式(4.29)のように書いてもまったく同じことです．だいたい，ヨーロッパでは割り算の記号に÷ではなく：を使っている国が多いことからもわかるように

$$A : B \quad \text{は} \quad A \div B \quad \text{つまり} \quad A/B$$

とほとんど同じ意味をもっていると考えてもよいでしょう．

Ⅳ　くせだらけの式

さて，話を戻して，2つ折りにしても縦と横の比が変わらないような縦と横の関係を求める式

$$a : b = b : a/2 \qquad \text{(4.27)と同じ}$$

から，縦の長さ a と横の長さ b との関係を求めてみましょう．この式は，いままでの説明によって

$$\frac{a}{b} = \frac{b}{a/2} \qquad (4.30)$$

と書いても同じことです．右辺の分母の形が気に入らないので，右辺の分子と分母とに2を掛けて形を整えると

$$\frac{a}{b} = \frac{2b}{a}$$

となります．ここで両辺に ab を掛けて分母を取り払うと

$$a^2 = 2b^2$$

になり，両辺を平方に開くと

$$a = \sqrt{2}\,b$$

が得られます*．すなわち，長方形の縦と横の比が $\sqrt{2}$ (1.414…) であれば，2つ折りにしても，それをまた2つ折りにしても，さらに2つ折りにしても，いつまでも縦と横の比が $\sqrt{2}$ の関係を保つことがわかりました．

これはまた，$a = \sqrt{2}\,b$ の関係があるときに限って

$$a : b = b : a/2 \qquad \text{(4.27)と同じ}$$

---

* 正確にいうと，$a^2 = 2b^2$ を平方に開くと

$$a = \pm\sqrt{2}\,b\,(\pm a = \sqrt{2}\,b\,としても同じこと)$$

になりますが，長方形の辺の長さがマイナスということはないので，+のほうだけを選んで $a = \sqrt{2}\,b$ としました．

が成立することを意味します．ある特定の条件が満たされた場合に限って成立するような等式を方程式と呼ぶのでしたから，式(4.27)は明らかに方程式のひとつです．

実は紙の大きさには規格があって，面積が $1\,\mathrm{m}^2$ で縦横の比が $\sqrt{2}$ のサイズを A0 といい，その2つ折りが A1, そのまた2つ折りが A2, ……というように順次に小さくなってゆくし，面積が $1.5\,\mathrm{m}^2$ で縦横の比が $\sqrt{2}$ のサイズを B0 として，その2つ折りを B1, そのまた2つ折りを B2, ……というぐあいに定められています．で，出版物も規格の紙を有効に使うために，これらのサイズで作られているのがふつうです．この本は B6, 週刊誌は B5, 中吊り広告は

表 4.2 紙の仕上り寸法

B 判		A 判	
列番号	寸法(mm)	列番号	寸法(mm)
B0	1456 × 1030	A0	1189 × 841
B1	1030 × 728	A1	841 × 594
B2	728 × 515	A2	594 × 420
B3	515 × 364	A3	420 × 297
B4	364 × 257	A4	297 × 210
B5	257 × 182	A5	210 × 148
B6	182 × 128	A6	148 × 105
B7	128 × 91	A7	105 × 74
B8	91 × 64	A8	74 × 52
B9	64 × 45	A9	52 × 37
B10	45 × 32	A10	37 × 26
B11	32 × 22	A11	26 × 18
B12	22 × 16	A12	18 × 13

B3 ですし，学校の教科書や総合雑誌は A5，文庫本は A6 といったところです．なにかの参考にと，表 4.2 に紙の仕上り寸法の大きさを載せておきました．どなたか，A12 のちっぽけな本でも作ってみませんか．

　比例式の最後にちょっと補足を……．$A:B$ と $B:C$ があるとします．この2つの比は B を仲立ちにして連なっています．こういうとき，この2つをまとめて

　　　$A:B:C$

と書いてしまい，これを**連比**といいます．文字どおり連なった比だからです．連比を作る例をひとつだけやってみましょうか．いま

　　　$A:B = 2:3$

　　　$B:C = 4:5$

であったとしましょう．B を仲立ちにして2つの比を結びたいのですが，B に相当するところが $A:B$ では3，$B:C$ では4なのでうまくつながりません．そこで

　　　$A:B = 2:3 = 8:12$

　　　$B:C = 4:5 = 12:15$

として B のところの値を一致させ

　　　$A:B = 8:12$

　　　　$B:C = 12:15$

と並べてみれば

　　　$A:B:C = 8:12:15$

であることに気がつき，連比を作ることに成功します．

1 とみなして作る方程式

　この章では，こま切れの方程式から，途中省略のキセル方程式の不正乗車をΣで防止する話やら，条件をきちんと付けないと困った答を出してしまう方程式やら，絶対値記号を使わないことには参ってしまう式やら，そして，比例式という名の方程式やら，要するに，くせの悪い方程式ばかりを紹介してきました．この手の方程式は学校教育で粗略に扱われる傾向があるので，とくに強調しておきたかったからです．この章は少し長くなりすぎてしまったのですが，方程式を作るコツをもうひとつだけ紹介してしめくくりたいと思います．

　つぎのような問題を解くための方程式を作ってみてください．
「裏の空地に草が生えています．牛1頭なら10日で食べつくすし，馬1頭なら15日で食べつくします．牛と馬を1頭ずつ空地に入れたら，なん日で草を食べつくすでしょうか．」

　この問題にまっこうから挑戦するなら

　　　　牛が1日に食べる草の量　　を　c
　　　　馬が1日に食べる草の量　　を　h
　　　　空地の草の量　　　　　　　を　g

とおいて，牛と馬とがいっしょに食べたとき草がなくなるまでの日数を x とすると

牛1頭なら10日で食べるから $\dfrac{g}{c} = 10$

馬1頭なら15日で食べるから $\dfrac{g}{h} = 15$

牛と馬なら1日に $c+h$ だけ食べるから $x = \dfrac{g}{c+h}$

$$\left.\begin{array}{c}\\\\\\\end{array}\right\} \quad (4.31)$$

という連立方程式をたてることになります．

この連立方程式をよく見ると，未知数は c, h, g, x の4つです．方程式が3つなのに未知数が4つもあっては，あとで詳しく説明する予定ですが，一般には方程式を解いて x を求めることができません．けれども，この場合には不思議なことに x が求められるのです．やってみましょう．

1番めの式から $c = \dfrac{g}{10}$

2番めの式から $h = \dfrac{g}{15}$

これを3番めの式に代入すると

$$x = \dfrac{g}{\dfrac{g}{10} + \dfrac{g}{15}} = \dfrac{1}{\dfrac{1}{10} + \dfrac{1}{15}} = \dfrac{1}{\dfrac{5}{30}} = 6 \qquad (4.32)$$

と，流暢に答が求まってしまいます．なぜ数学の常識に反して式が3つで未知数が4つの連立方程式が解けたかというと，まあ，見てください．式(4.32)の2番めの項には分子分母ともぜんぶ g が含まれています．だからこの g がいっせいに約されてしまって3番めの

項には g が含まれていません．ここがポイントです．どうせ，いっせいに姿を消してしまうような g であるなら，最初から不要なのではないでしょうか．式(4.32)を見ていただければわかるように g はいっせいに 1 に変わってしまったのですから，はじめから g を 1 と考えるほうがよいのではないでしょうか．

g を 1 と考えるということは，空地の草の量を 1 とみなしてやることを意味します．そうすると

　　　　牛は 1 日に 1/10 だけ，馬は 1 日に 1/15 だけ食べる

ことになり，牛と馬とがいっしょなら 1 日に

$$\frac{1}{10}+\frac{1}{15}$$

だけ食べるのは当り前のことです．したがって，牛と馬とがいっしょになって 1 だけの草を食べつくす日数 x は

$$x=\frac{1}{\dfrac{1}{10}+\dfrac{1}{15}} \tag{4.33}$$

であることも容易に納得できます．これが私たちの問題を解くための方程式です．この方程式は同じ目的で作った連立方程式(4.31)よりはるかに簡単でさっぱりとしています．そして，そのコツは空地の草の量を 1 とおいたところにあります．

だいぶ前になりましたが，30 ページあたりで混合算の例を紹介しました．良貨(金 9 銅 1)と悪貨(金 4 銅 6)とを混ぜて鋳なおし，新貨(金 6 銅 4)を作るには良貨と悪貨をどれだけの割合で混ぜたらよいか，という問題です．そのとき，良貨 a に対して悪貨を x の割合で混ぜると考えて式をたてるより，良貨 1 に対して悪貨を x の

割合で……としたほうが，式も簡単になるし，式を解くための運算もらくになるのを見ていただいています．それも良貨を1とおいたからでした．このように，未知数のうちもっとも基本になるものを1とおく考え方が，優れた方程式を作るためのコツであることが少なくありません．

V　式を運算する

1＋1＝3

　私たちは，疑いをさしはさむ余地もないほど明白なとき，火を見るよりも明らか，と形容したり，1プラス1は2になるように，と言い表わしたりします．このように，1プラス1が2になることは私たちにとって明々白々の事実なのです．それだからこそ，結婚式のスピーチで，結婚の場合には1プラス1が必ずしも2ではありません，などと逆説的な説諭がまかり通るのです．日頃から1プラス1が必ずしも2にならないようなら，このようなスピーチには人に訴えるものがなにもないではありませんか．これほど私たちにとって自明である1プラス1なのですが，ちょっと，つぎの計算を追ってみてください．

あたりまえの等式を準備	$2+1=3$
両辺に$(3-2)$を掛ける	$(2+1)(3-2)=3(3-2)$
式を展開する	$2\times3-2\times2+3\times1-2\times1$

$$=3\times3-3\times2$$

左辺の 3×1 を右辺へ　　　　$2\times3-2\times2-2\times1$

$$=3\times3-3\times2-3\times1$$

左辺は 2,右辺は 3 でくくる　　$2(3-2-1)=3(3-2-1)$

両辺を $(3-2-1)$ で割る　　　　$2=3$

故に　　　　　　　　　　　　　$1+1=3$

見てください.1プラス1が3になってしまいました.結婚式のスピーチでもないのに,なぜ,このような結果になるのでしょうか.こんなうまい結果が出るのなら,この手順を利用して貸した金を水増しして取立てられそう,などと不埒なことを考えないでください.正しい計算をしていれば,1プラス1が3になるはずがありません.上の計算はどこかがまちがっているのです.どこがまちがっているのでしょうか.まちがいを発見できた方もいらっしゃるとは思いますが,発見できない方もいらっしゃるにちがいありません.そこで,この章では式の計算のルールを整理してご紹介しようと思います.

　まず,最初は計算のもっとも基本的なルールからご紹介しましょう.

$$A+B=B+A \tag{5.1}$$

あたりまえだ,と軽くあしらわないでください.数学の計算以外では,万事がこうなるとは限らないのです.その証拠に,衣服を脱いでからフロにはいるのと,フロにつかってから衣服を脱ぐのとは大ちがいですし,朝三暮四[*]ということわざもあるように,3+4と4+3とが日常生活の中では異なった意味を持つことさえあるのです.けれども,A や B が数か式であれば,いつでも式(5.1)は成立

します．これを**交換法則**といいます．前と後が交換できることを保証しているからでしょう．同じように

$$AB = BA \tag{5.2}$$

も，A や B が数か式であれば成立し，これも前後の交換を保証しているので**交換法則**と呼ばれます．式(5.1)と式(5.2)を区別したいときには

$A + B = B + A$　　　加法の交換法則

$AB = BA$　　　　　　乗法の交換法則 **

と呼び分けています．

つぎへ進みます．

$$(A + B) + C = A + (B + C) \tag{5.3}$$

A, B, C の3つの数か式があるとき，A と B を加えてから C を加えるのと，B と C とを加えたものに A を加えたのとが同じ，という法則で，これは**結合法則**と名付けられています．身のまわりの現象では，たとえば，水素と酸素を結合させてから炭素を加えるのと，酸素と炭素を結合させてから水素を混ぜるのとでは大ちがいであるように，結合法則に違反することが多いのですが，A, B, C が数か式であれば，常に式(5.3)が成立するのがありがたいところです．同じように

$$(AB)C = A(BC) \tag{5.4}$$

---

* 朝三暮四：ある朝，猿に「餌を朝に3つ，夕方に4つ与えよう」と言ったら猿が不服だったので，「朝に4つ，夕方に3つ」と言ったら猿は大いに喜んだという話です．私たちだって，10年後の10万円より，いまの1万円のほうがいい……？

** A と B が行列の場合には，$A + B = B + A$ は成立しますが，$AB = BA$ は一般には成立しません．

も成立し，式(5.3)が加法についての結合法則であったのに対して，こちらは乗法についての**結合法則**です．

さらに前進しましょう．
$$A(B+C) = AB + AC \tag{5.5}$$
これを分配法則，もっと正確には，乗法の加法に対する**分配法則**と言います．掛け算されるAがたし算のBとCとに分配されていくからです．これに対して，加法の乗法に対する分配法則
$$A + (BC) = (A+B)(A+C) \tag{5.6}$$
は特例*を除いて成立しません．

だいぶ，ごみごみしてきたので，ここまでの内容を表5.1に整理しておきました．あたりまえのことのようにも思えますが，表5.1は，A, B, Cが数か式の場合であり，すでにいくつかの例を挙げたように，身のまわりの現象ではこれらの法則が成立しないことが多いのですが，反対に，集合や論理**では，交換法則や結合法則はもとより，加法の乗法に対する分配法則さえも成立してしまい

表 5.1

交換法則	加 法	$A+B = B+A$
	乗 法	$AB = BA$
結合法則	加 法	$(A+B)+C = A+(B+C)$
	乗 法	$(AB)C = A(BC)$
分配法則	乗法の加法に対する	$A(B+C) = AB+AC$
	加法の乗法に対する	成立しない

---

* 式(5.6)は，$A+B+C=1$ または $A=0$ の場合に限って成立します．
** A, B, Cがそれぞれ集合を表わすときには
　　$A \cap (B \cup C) = (A \cap B) \cup (A \cap C)$　　乗法の加法に対する分配法則
　　$A \cup (B \cap C) = (A \cup B) \cap (A \cup C)$　　加法の乗法に対する分配法則
が両方とも成立します．また，p, q, rが命題であれば　　　↗

ます．ひょっとすると，集合や論理のほうが数や式よりもお行儀がよいのかもしれません．

式を展開する

前節の3つの法則を応用すると，式の形を目的に応じて使いやすい形に変形することができます．たとえば，前節で紹介した加法についての交換法則はAとBの2つの数か式について書かれていますが，この法則を順次適用してゆけば

$$a + b + c = c + b + a$$

なども容易に導くことができます．まず

$$a + b \text{を} A, \quad c \text{を} B$$

とみなせば，$A + B = B + A$ですから

$$a + b + c = c + a + b$$

となりますし，つづいて，右辺の$a + b$は交換法則によって$b + a$と等しいので

$$a + b + c = c + b + a$$

となるからです．53ページで

$$3n + n^3 - 1 - 3n^2 \qquad (3.5)\text{と同じ}$$

を降べきの順に並び換えて

↘ $p \cap (q \cup r) = (p \cap q) \cup (p \cap r)$ 乗法の加法に対する分配法則
       $p \cup (q \cap r) = (p \cup q) \cap (p \cup r)$ 加法の乗法に対する分配法則
がともに成立します．なお，命題とは「あの娘は美人である」とか「月は西から昇る」のようにウソかマコトかを判断できるものをいい，命題のからみあいについての理くつを論理といいます．詳しくは，『論理と集合のはなし』を見ていただきたいと思います．

$$n^3-3n^2+3n-1 \qquad (3.4)と同じ$$

としたのも，まったく，交換法則の応用そのものでありました．また，53ページで

$$3n^3+2n-3-n-3n^2+2+2n-2n^3 \qquad (3.6)と同じ$$

の同類を集めて整理して

$$n^3-3n^2+3n-1$$

としたのは，交換法則のほか，乗法の加法に対する分配法則を応用したものでありました．

それでは，$(a+b)$ と $(c+d)$ を掛け合わすと

$$(a+b)(c+d) = ac+bc+ad+bd \qquad (5.7)$$

であることは，だれでも知っていますが，なぜ，こうなるのでしょうか．まず

$$a+b = G$$

とでもおいてみてください．分配法則によって

$$(a+b)(c+d) = G(c+d) = Gc+Gd$$

ここで，G を $a+b$ に戻し，再度分配法則のお世話になると

$$Gc+Gd = (a+b)c+(a+b)d = ac+bc+ad+bd$$

になるという次第です．なお

$$(a+b)(c+d) = ac+bc+ad+bd \qquad (5.7)と同じ$$

は，現象的には図5.1のように理解することができます．つまり，横方向に $(a+b)$，縦方向に $(c+d)$ の長さを持つ長方形の面積が，ちょうど $(a+b)(c+d)$ になるのですが，その面積は図のように ac, bc, ad, bd の合計になっています．あるいは，片方のチームは a と b，他方のチームは c と d で両チームが総当たり戦を行なう場合の組合せを思い浮かべていただいても結構です．数式は，こ

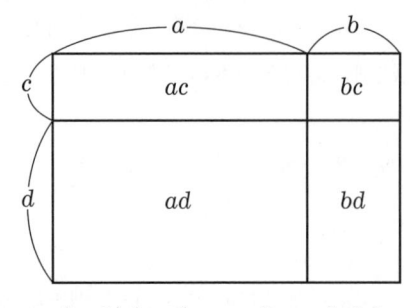

$$(a+b)(c+d) = ac+bc+ad+bd$$

図 5.1

のようにできるだけ現象的に理解するよう努めたいものです。それが，数式を身近に感ずるなによりのコツなのです。

式(5.7)は，広い応用範囲を誇っています。まず，私たちの生活の中にも，あるいは学校の数学にも，$(x+a)(x+b)$という式がよく現われますが，式(5.7)の関係を利用すると

$$(x+a)(x+b) = x^2 + ax + bx + ab$$
$$= x^2 + (a+b)x + ab \qquad (5.8)$$

が得られます。また，$(a+b)^2$ は

$$(a+b)^2 = (a+b)(a+b) = a^2 + ba + ab + b^2$$
$$= a^2 + 2ab + b^2 \qquad (5.9)$$

となるし，$(a-b)^2$ は

$$(a-b)^2 = (a-b)(a-b) = a^2 - ba - ab + b^2$$
$$= a^2 - 2ab + b^2 \qquad (5.10)$$

であり，さらに，$(a+b)(a-b)$ は

$$(a+b)(a-b) = a^2 + ba - ab - b^2$$
$$= a^2 - b^2 \qquad (5.11)^*$$

というぐあいに，とことん利用できるからゴキゲンです。なお

$$(a+b)^2 = a^2 + 2ab + b^2 \qquad \text{(5.9)と同じ}$$
$$(a-b)^2 = a^2 - 2ab + b^2 \qquad \text{(5.10)と同じ}$$

$$(a+b)(a-b) = a^2 - b^2 \qquad (5.11)\text{と同じ}$$

$$(x+a)(x+b) = x^2 + (a+b)x + ab \qquad (5.8)\text{と同じ}$$

などは，中学の数学では公式とみなして覚えさせているところが少なくないようです．この程度のものは，公式としてしゃにむに暗記するのではなく，図5.1の関係を頭に描きながら必要のつど，作り出したほうがいいように思うのですが，それは素人の浅薄な思い付きにすぎないのでしょうか．

式(5.7)，(5.8)，(5.9)，(5.10)，(5.11)のように式どうしの掛け算を実施することを積を**展開**するというのですが，積の展開がたちまち効力を発揮する具体的な例を1つだけお目にかけましょう．

都会を逃れて緑豊かな草原でのんびり暮らすことにしたと思ってください．せっかく牧歌的な情景を設定したのですから，生活の苦労は持ち込みたくはないのですが，仙人ならぬ悲しさ，霞と緑豊かな草原だけでは食っていけません．そこで，乳牛の数頭も飼って生活の糧を得ようと思います．まずは，柵を作って生活の糧の逃亡を防ぐ必要があります．幸いに，ちょうど100m分の柵を作る材料が手元にあるので，長方形の囲みを作ることにしました．どうせな

---

* $\qquad (a+b)(a-b) = a^2 - b^2$

の関係は，時として暗算に役立つときがあります．たとえば

$\qquad 103 \times 97$

を暗算で計算するのは容易ではありませんが，103は100に3を加えたもので，97は100から3を引いたものであることに気がつけば

$\qquad 103 \times 97 = (100 + 3)(100 - 3) = 100^2 - 3^2$

が利用できるはずです．$100^2 - 3^2$を暗算で求めるのは，さしてむずかしくはありません．同じやり方で

$\qquad 82 \times 78 \quad \text{や} \quad 297 \times 303$

などを暗算してみてください．

x がいくらのとき面積が最大になるか

$25+x$　$25-x$

ら，牧草の量を豊かにするために，囲みの面積を最大にしたいのですが，囲みの縦と横の寸法をいくらにしたらよいでしょうか．

この問題は，実は，この本と同類の『微積分のはなし【改訂版】』と『関数のはなし【改訂版】』に使ったものと一語一句同じなのです．この問題を解くのに『微積分のはなし【改訂版】』では微分を使い，『関数のはなし【改訂版】』では 2 次関数の性質を利用したのですが，ここでは，展開された式を吟味して答を求めようと思います．

囲みの全周は 100m ですから，かりに正方形の囲みを作るとすれば，縦と横の寸法はともに 25m です．そして，縦の長さを x m だけ減らせば横の長さを x m だけ増すことができます．そのときの囲みの面積は縦と横の長さを掛け合わせればよいのですから，単位を省略して書けば

$(25-x)(25+x)$

です．問題は，この式の値が最も大きくなるような x を求めればよいのですが，x が大きくなると $(25-x)$ は小さく $(25+x)$ は大きくなりますから，x をいくらにしたとき $(25-x)(25+x)$ が最も大き

くなるのか判断がつきかねます．そこで，式(5.11)の性質を利用してこの式を展開してみます．

$$(25-x)(25+x) = 625 - x^2$$

こうしてみると答が簡単に見破れます．x がプラスの値であってもマイナスの値であっても x^2 はプラスの値ですから，$625 - x^2$ は確実に 625 より小さな値です．したがって，x がゼロのときこの式の値は 625 になり，それがこの式の最大の値です．x がゼロということは囲みが正方形であることを意味しますから，私たちの問題の答は，囲みの縦と横の寸法を 25m ずつの正方形にすればよい……が正解です．

話を先へ進めましょう．私たちは 2 つの式の積を展開してきましたが，3 つ以上の式の積を展開するやり方も，いままでと同じです．たとえば

$$(a+b)(c+d)(e+f) = (a+b)(ce+de+cf+df)$$
$$= ace+bce+ade+bde+acf+bcf+adf+bdf \qquad (5.12)$$

という調子です．これはまず，$(c+d)$ と $(e+f)$ を掛け合わせ，つぎに a と b とのチームを，ce, de, cf, df のチームとの総当たりを行なわせたわけですが，あるいは図 5.2 のように各辺の長さが $(a+b)$，$(c+d)$，$(e+f)$ であるような直方体の体積を求めた

$(a+b)(c+d)(e+f)$
$= ace+bce+ade+bde$
$+ acf+bcf+adf+bdf$

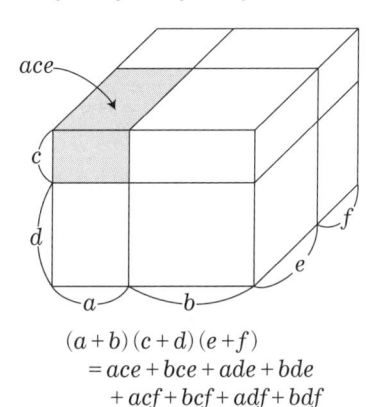

図 5.2

と考えていただいても結構です．直方体の体積は図のように8個のブロックの総計で表わされ，それぞれのブロックの体積は，ace，bce，……であるのですから．

最後に，この節のおさらいとして，つぎの展開を各人で確かめてみてください．

$$(a+b)^3 = a^3 + 3a^2b + 3ab^2 + b^3 \tag{5.13}*$$

$$(a-b)^3 = a^3 - 3a^2b + 3ab^2 - b^3 \tag{5.14}$$

式の割り算

前節までは，式どうしの掛け算に焦点をあててきました．この節では割り算に目を転じてみたいと思います．手はじめに

$$(2x^3 + x^2 - 5x + 2) \div (x-1) \tag{5.15}$$

を題材に選んでみましょう．式の割り算も道理は数の割り算と変わりありませんから，数の割り算と同じように無邪気に割ってゆきます．

---

* $(a+b)$ を掛け合わせる回数をどんどん大きくしていくと

$(a+b)^4 = a^4 + 4a^3b + 6a^2b^2 + 4ab^3 + b^4$

$(a+b)^5 = a^5 + 5a^4b + 10a^3b^2 + 10a^2b^3 + 5ab^4 + b^5$

……………………………

$(a+b)^n = {}_nC_0 a^n + {}_nC_1 a^{n-1}b + {}_nC_2 a^{n-2}b^2 + \cdots + {}_nC_h a^{n-h}b^h + \cdots + {}_nC_n b^n$

ただし，n は正の整数，となり，これを**二項定理**と呼んでいます．ここで，${}_nC_r$ は n 個から r 個を取り出す組合せの数で

$${}_nC_r = \frac{n!}{r!(n-r)!} \qquad (r! = 1 \times 2 \times 3 \times \cdots \times r)$$

で表わされます．『関数のはなし（下）【改訂版】』77ページ，『確率のはなし【改訂版】』82ページをご覧ください．

$$\begin{array}{r}
2x^2+3x-2 \\
x-1\overline{\smash{)}2x^3+x^2-5x+2} \\
\underline{2x^3-2x^2} \\
3x^2-5x \\
\underline{3x^2-3x} \\
-2x+2 \\
\underline{-2x+2} \\
0
\end{array}$$

というぐあいに進行し，割り算の答は $2x^2+3x-2$，余り(あま)はゼロです．計算過程を言葉で説明すると，割られる式と割る式を降べきの順に整理し——この例では整理ずみ——，両方の最高の次数の項に注目して——この例では $2x^3$ と x——割り算をはじめ……と続くのですが，言葉で説明するとごちゃごちゃとして脳細胞が悲鳴をあげそうです．論より証拠，百聞は一見にしかず，習うより慣れよ，とにかく紙と鉛筆を準備して自らやってみてください．すぐにわかります．

つづいて，もうひとつ

$$(x^5+x^2-4x+2)\div(x^3-2x+1) \tag{5.16}$$

は，いかがですか．割られる式も割る式も降べきの順に整理されているところは悦ですが，割られる式は x^5 のあとは x^4 と x^3 の項をとばして x^2 の項になっているところが無気味です．しかたがないので，x^4 と x^3 の項のところに空席を準備して割り算を実行してみましょう．

$$
\begin{array}{r}
x^2+2 \\
x^3-2x+1 \overline{) x^5+x^2-4x+2} \\
\underline{x^5-2x^3+x^2} \\
2x^3-4x+2 \\
\underline{2x^3-4x+2} \\
0
\end{array}
$$

意外にうまくいき，余りはゼロですから，すっぱりと割り切れてしまいました．割り算の答は x^2+2 です．x^4 の項のために準備した空席が結局は使わずじまいでムダになってしまいましたが，この程度のムダなら悔むほどのこともありますまい．

さらに，つづいてもうひとつ

$$(2x^3+3x^2-x+2) \div (2x+1) \tag{5.17}$$

を計算してみます．

$$
\begin{array}{r}
x^2+x-1 \\
2x+1 \overline{) 2x^3+3x^2-x+2} \\
\underline{2x^3+x^2} \\
2x^2-x+2 \\
\underline{2x^2+x} \\
-2x+2 \\
\underline{-2x-1} \\
3
\end{array}
$$

と進行し，まだ3だけ余っているのですが，3は $2x+1$ より次数が低いので，これ以上割り算を続行することができません．したがっ

て，この割り算の答は**商**が x^2+x-1，**余り**は3です．ということは

$$2x^3+3x^2-x+2 = (2x+1)(x^2+x-1) + 3$$

であることを意味しています．なぜかというと，$(2x^3+3x^2-x+2)$ を $(2x+1)$ で割ったら (x^2+x-1) と余りが3になったのですから，$(2x+1)$ に (x^2+x-1) を掛けた値に3を加えれば元の $(2x^3+3x^2-x+2)$ に戻るはずだからです．

この関係を図式的に書くと，つぎのようになるでしょう．整式 A を整式 B で割ったときの商が Q で余りが R であるとすれば

$$A = BQ + R \tag{5.18}$$

で表わされます．もちろん，R の次数は B の次数よりも低いはずです．そして，A が B で割り切れれば，$R=0$ となります．

この節では x についての整式ばかりを例に使って割り算を試みてきましたが，趣向を変えて

$$(a^5b+2a^4b^2+2a^3b^3+2a^2b^4-3ab^5-4b^6) \div (a^2-b^2) \tag{5.19}$$

に挑戦してみましょうか．a と b とのどちらを優先してもよいのですが，アルファベットに敬意を払って a を中心に考えてみましょう．幸い，割られるほうの式が a について降べきの順に並んでいるのも好都合ですし……．容赦なく頭のほうから割り算を執行してゆくと

$$
\begin{array}{r}
a^3b+2a^2b^2+3ab^3+4b^4 \\
a^2-b^2 \overline{\smash{)}\, a^5b+2a^4b^2+2a^3b^3+2a^2b^4-3ab^5-4b^6} \\
\underline{a^5b-a^3b^3} \\
2a^4b^2+3a^3b^3+2a^2b^4-3ab^5-4b^6 \\
\underline{2a^4b^2-2a^2b^4} \\
3a^3b^3+4a^2b^4-3ab^5-4b^6 \\
\underline{3a^3b^3-3ab^5} \\
4a^2b^4-4b^6 \\
\underline{4a^2b^4-4b^6} \\
0
\end{array}
$$

というぐあいに快調に割り算は進行し、x の整式の場合と何の変わりもありません。そのはずです。式 (5.19) の割られるほうも割るほうも x の代わりに a の整式であるにすぎないのですから……。ものはついでですから、式 (5.19) を、割られるほうも割るほうも b の整式とみなして割り算を執行してみてください。あたりまえのことですが、いまの計算と同じ結果になるはずです。念のために計算の過程を 239 ページの付録に載せておきました。

剰余定理

前節に、整式 A を整式 B で割ったときの商を Q, 余りを R とすると

$$A = BQ + R \tag{5.18}と同じ$$

の関係があり、R は B よりも次数の低い整式であると書きました。

この節では，B が 1 次式である場合についてもう少し詳しく調べてみようと思います．そのために

$$B = x - \alpha \tag{5.20}$$

とおいてみます．R は B より次数が低いのですから，R は x を含まない定数であるはずです．さらに，A は x についての整式ですから

$$A = ax^n + bx^{n-1} + \cdots + ix^2 + jx + k \tag{5.21}$$

とでも書いておきましょう．そうすると，式 (5.18) の関係は

$$ax^n + bx^{n-1} + \cdots + jx + k = (x - \alpha)Q + R \tag{5.22}$$

と書き代えられます．ここで Q は依然として x の整式です．ここで，この式の両辺の x に α を代入すると

$$a\alpha^n + b\alpha^{n-1} + \cdots + j\alpha + k = (\alpha - \alpha)Q' + R \tag{5.23}$$

となります．Q' は x の整式 Q の x に α を代入したもので，このままではどんな形なのか，どんな値なのか見当もつきませんが，実は，これからのストーリーに無関係なので，形や値を詮索するのはやめて無責任に Q' と書いておきます．

さて，式 (5.23) を見てください．右辺の第 1 項 $(\alpha - \alpha)Q'$ は，$\alpha - \alpha$ がゼロですから Q' がどのような値であろうとゼロになってしまいます．つまり，式 (5.23) は

$$a\alpha^n + b\alpha^{n-1} + \cdots + j\alpha + k = R \tag{5.24}$$

と同じことです．おもしろいことになってきました．整式 A を $x - \alpha$ で割ったときの余り R は，整式 A の x に α を代入した値と同じです．整式 A を $x - \alpha$ で割ったときの余りを見つけるには，割り算を実行して調べるまでもなく，整式 A の x に α を代入してみれば即，わかるのです．この性質を**剰余定理**というのですが，ひと

つ具体例で試してみましょうか．

$$(x^4 - 2x^3 + 3x^2 - 4x + 5) \div (x - 3) \tag{5.25}$$

の割り算の結果，余りはいくらになりますか？ もちろん，えっさもっさと割り算を実行しても求めることができますが，割られる式の x に 3 を代入してみれば，余りが即わかります．すなわち

$$\text{式}(5.25)\text{の余り} = 3^4 - 2 \cdot 3^3 + 3 \cdot 3^2 - 4 \cdot 3 + 5$$
$$= 81 - 54 + 27 - 12 + 5 = 47$$

となります．疑惑を抱かれる方は，割り算をやってみてください．ちゃんと 47 余りますから……*．

ところで，「整式 A を $x - \alpha$ で割ったときの余り R は，整式 A の x に α を代入した値と同じ」ことに，どれほどの意味があるというのでしょうか．剰余定理などとキザな用語をもてあそびながら，結局ひまつぶしをしているにすぎないのでしょうか．

決してそうではありません．剰余定理の真価には，もう少しあとで触れることになるのですが，とりあえずは整式 A の x に α を代

---

*
$$\begin{array}{r}
x^3 + x^2 + 6x + 14 \\
x - 3 \overline{\smash{)}\, x^4 - 2x^3 + 3x^2 - 4x + 5} \\
\underline{x^4 - 3x^3} \\
x^3 + 3x^2 - 4x + 5 \\
\underline{x^3 - 3x^2} \\
6x^2 - 4x + 5 \\
\underline{6x^2 - 18x} \\
14x + 5 \\
\underline{14x - 42} \\
47 \quad \cdots\cdots \text{余り}
\end{array}$$

入したときゼロになるようならば，A は $x-α$ で割り切れることに留意してください．整式 A の x に $α$ を代入してゼロになるなら，A を $x-α$ で割ったときの余りがゼロであり，したがって A は $x-α$ で割り切れることを意味するのですから……．この関係を利用して，つぎの式が割り切れるかどうかを暗算で答えてください．

$$(x^2-2x-1) \div (x-3)$$
$$(x^2+3x+2) \div (x+2)$$
$$(x^3+3x-2x-2) \div (x-1)$$

ゼロでは割るな

式の割り算に話がすすんできたいきがかり上，分数式の計算についても整理しておこうと思います．分数は，それ自体が割り算なのですから．

まず，A と B とがともに整式であるとき

$$\frac{A}{B}$$

の形の式を**分数式**といい，A を**分子**，B を**分母**と呼ぶことは，いまさら書くほどのこともありません．そして，分数式と整式とを合わせて有理式といい，有理式と無理式とを合わせて代数式ということは，56 ページに書いたとおりです．ただし，分母 B が定数であるときには，分数式とはみなしません．分母が定数であれば，たとえば

$$\frac{ax^2+bx+c}{k} = \frac{a}{k}x^2 + \frac{b}{k}x + \frac{c}{k}$$

のように，分母は係数の一部に含まれてしまい，結局は整式になってしまうからです．

それから，肝腎なことですが，分母は決してゼロであってはなりません．たとえば

$$\frac{ax^2+bx+c}{dx+e-dx-e}$$

などは，分母がゼロですから数学的にはまったくナンセンスなのです．式でも数でもそうですが，数学ではゼロで割るということは無意味なので，考える必要もないし，考えないことになっています．なぜかというと，かりに a をゼロで割った値が？であるとしてみましょう．

$$\frac{a}{0} = ?$$

これは，？に 0 を掛けたら a になるような？は何かと尋ねていることになります．つまり

$$? \times 0 = a$$

なのですが，この式が意味するところは実に奇妙です．まず，a がゼロならば，？はどんな値でもかまいません．？がどんな値であろうとゼロを掛ければゼロになってしまうからです．そして，a がゼロでない場合には，同じ理由によってこの式が成立するような？は存在しません．したがって，？はどんな値でもよいか，存在しないかのどちらかです．こんな値は数学的にナンセンスですから，数学ではゼロで割るという操作は無意味でムチャクチャなものとして禁止されています[*]．

この章の書き出しに，2+1 = 3 から出発して

$$1+1=3$$

を導き出す世にも不思議な物語を紹介しましたが，その運算の中に

$$2(3-2-1) = 3(3-2-1)$$

の両辺を$(3-2-1)$で割って

$$2 = 3$$

とするくだりがありました．これが，世にも不思議な結論を導き出した犯人です．$(3-2-1)$はゼロですから，ゼロで割る操作をしたとたんに，数学的にはムチャクチャになってしまったのです．

話を元へ戻します．Bが定数やゼロでないとき，整式Aを整式Bで割ったA/Bの形の式を分数式というところから，話が脇道へそれたのでした．分数式についての加減乗除に話を進めましょう．加減乗除のまえに少しだけ下ごしらえをします．まず，分数式の分子と分母に同じ整式を掛けても，分数式の数学的特性は変わりません．つまり

$$\frac{A}{B} = \frac{AM}{BM} \tag{5.26}$$

ただし，Mは0ではない整式

です．Mはゼロであってはなりません．分子・分母にゼロを掛けるとゼロ分のゼロとなってしまい，わけがわからなくなってしまうからです．

---

* ある値をゼロで割ると無限大になると信じておられる方は『関数のはなし(上)【改訂版】』96ページあたりを，無限大に興味のある方は『論理と集合のはなし』100ページあたりを，ゼロをゼロで割ったらどうなるかと，好奇心おうせいな方は『微積分のはなし(上)【改訂版】』90ページあたりを，見ていただけると幸いです．いつも私が書いた本ばかり推薦して申しわけありません．

つぎに，分数式の分子・分母をゼロではない整式で割ることも OK です．すなわち

$$\frac{A}{B} = \frac{A \div M}{B \div M} \tag{5.27}$$

　　　ただし，M は 0 ではない整式

です．式 (5.26) と式 (5.27) の例を 2 つずつ挙げておきましょう．

式 (5.26) の例　$\dfrac{ab}{cd} = \dfrac{3a^2b}{3acd}$

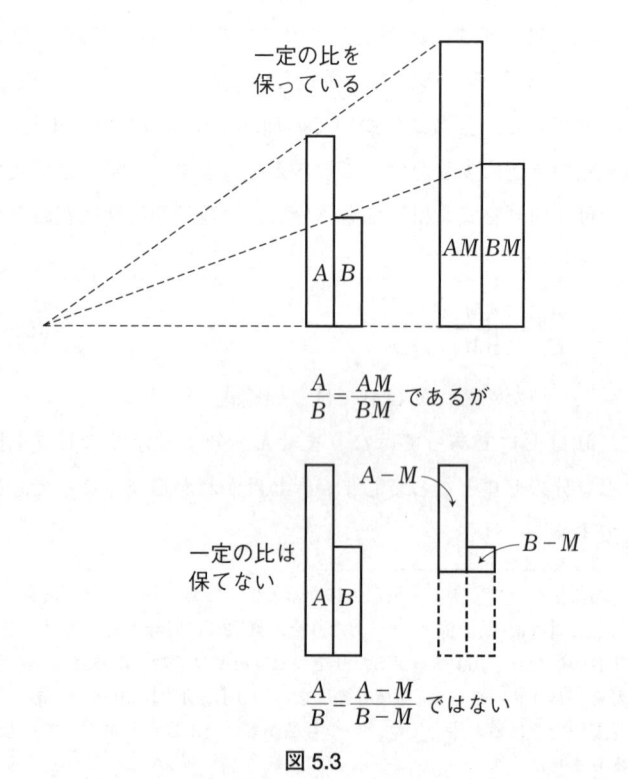

$\dfrac{A}{B} = \dfrac{AM}{BM}$ であるが

$\dfrac{A}{B} = \dfrac{A-M}{B-M}$ ではない

図 5.3

$$\frac{x-a}{x+b} = \frac{(x-a)^2}{(x-a)(x+b)}$$

式(5.27)の例　$\dfrac{3a^2bx^2}{6ab^2x^3} = \dfrac{a}{2bx}$

$$\frac{(x-1)(x^2+2x+3)}{(x+1)(x-1)} = \frac{x^2+2x+3}{x+1}$$

なお，申し添えるまでもないことかもしれませんが，式(5.26)や式(5.27)のように，分数式の分子と分母に同じ式を掛けても割ってもよいくらいだから，たしても引いてもいいだろうなどと

$$\frac{A}{B} = \frac{A+M}{B+M} \quad \text{とか} \quad \frac{A}{B} = \frac{A-M}{B-M}$$

とかは，やってはいけません．

分数式の加減乗除

やっと分数式の加減乗除に話を進めるだんどりになりました．加減乗除の順序にはこだわらず，乗法からはじめさせていただきます．

$$\frac{A}{B} \times \frac{C}{D} = \frac{AC}{BD} \tag{5.28}$$

この例としては

$$\frac{ax-b}{cx-d} \times \frac{ax+b}{cx+d} = \frac{(ax-b)(ax+b)}{(cx-d)(cx+d)}$$

などが挙げられます．これは，さらに式(5.11)によって

$$= \frac{a^2x^2-b^2}{c^2x^2-d^2}$$

と展開できることに気がついていただければ最高です.

ひきつづき,除法です.

$$\frac{A}{B} \div \frac{C}{D} = \frac{AD}{BC} \tag{5.29}$$

なぜこうなるのでしょうか.むかしからそう決まっているのだ,といわずに,ちょっと考えてみましょう.

$$u \div v = \frac{u}{v} = u \times \frac{1}{v}$$

ですから,A/B を C/D で割るには,C/D の分子と分母を逆転させて A/B に掛ければよいことがわかります.したがって

$$\frac{A}{B} \div \frac{C}{D} = \frac{A}{B} \times \frac{D}{C} = \frac{AD}{BC}$$

という次第です.式(5.29)を使った例としては

$$\frac{p-1}{p+2} \div \frac{p^2-1}{p+1} = \frac{(p-1)(p+1)}{(p+2)(p^2-1)}$$

$$= \frac{p^2-1}{(p+2)(p^2-1)} = \frac{1}{p+2}$$

など,いかがでしょうか.

つぎは,分数式の加法です.

$$\frac{A}{B} + \frac{C}{D} = \frac{AD}{BD} + \frac{AC}{BD} = \frac{AD+BC}{BD} \tag{5.30}$$

分母の異なる2つの分数式を加え合わすときには,式(5.26)の関係を利用して分母を等しくし——この操作を**通分**といいます——,分子を加え合わせる必要があります.ゆめゆめ

$$\frac{A}{B} + \frac{C}{D} = \frac{A+C}{B+D}$$

などとやってはいけません．

減法の場合も，まったく同じことです．

$$\frac{A}{B} - \frac{C}{D} = \frac{AD}{BD} - \frac{BC}{BD} = \frac{AD-BC}{BD} \tag{5.31}$$

加えたり引いたりする分数式の数がたくさんあっても，式(5.30)と式(5.31)を組み合わせてゆけばよいことも，いうに及びません．

$$\frac{A}{B} + \frac{C}{D} - \frac{E}{F} = \frac{ADF}{BDF} + \frac{BCF}{BDF} - \frac{BDE}{BDF}$$

$$= \frac{ADF + BCF - BDE}{BDF}$$

と，調子づいて処理をしていくことができます．一例を挙げましょう．いくらかひねくれて，分数式ではない式も混ぜてみました．

$$\frac{1}{abx^2} + a^2bx - \frac{ax+b}{b^2x} = \frac{b}{ab^2x^2} + \frac{a^3b^3x^3}{ab^2x^2} - \frac{a^2x^2 + abx}{ab^2x^2}$$

$$= \frac{b + a^3b^3x^3 - a^2x^2 - abx}{ab^2x^2} = \frac{a^3b^3x^3 - a^2x^2 + abx + b}{ab^2x^2}$$

この例からもわかるように，通分するには分母の最小公倍数を共通の分母に選ぶのが上策です．なお，この運算では最終の姿をxの降べきの順に整理してあります．整理をしないままでも，もちろん正解なのですが，しかしきちんと整理しておくほうが少なくともエチケットには適っています．

式(5.26)から式(5.31)まで，分数式の計算のルールを羅列してきました．いずれも，あたりまえだと思われたことでしょう．たしか

に，これらのルールは数の計算ではあたりまえのこととして使用されています．ところが数ではなく分数式になると，まごつく人たちが少なくありません．で，最後に数の場合と対比しながら，もう一度とりまとめておきます．つぎの式のA, B, C, Dはすべて整式であり，（ ）の中は数字の場合の一例であることに注意してください．

$$\frac{A}{B} = \frac{AM}{BM} \qquad \left(\frac{1}{3} = \frac{1 \times 2}{3 \times 2}\right) \qquad (5.26)\text{と同じ}$$

$$\frac{A}{B} = \frac{A \div M}{B \div M} \qquad \left(\frac{4}{6} = \frac{4 \div 2}{6 \div 2}\right) \qquad (5.27)\text{と同じ}$$

$$\frac{A}{B} \times \frac{C}{D} = \frac{AC}{BD} \qquad \left(\frac{1}{3} \times \frac{2}{5} = \frac{1 \times 2}{3 \times 5}\right) \qquad (5.28)\text{と同じ}$$

$$\frac{A}{B} \div \frac{C}{D} = \frac{AD}{BC} \qquad \left(\frac{1}{3} \div \frac{2}{5} = \frac{1 \times 5}{3 \times 2}\right) \qquad (5.29)\text{と同じ}$$

$$\frac{A}{B} + \frac{C}{D} = \frac{AD+BC}{BD} \qquad \left(\frac{1}{3} + \frac{2}{5} = \frac{1 \times 5 + 3 \times 2}{3 \times 5}\right) (5.30)\text{と同じ}$$

$$\frac{A}{B} - \frac{C}{D} = \frac{AD-BC}{BD} \qquad \left(\frac{2}{3} - \frac{1}{5} = \frac{2 \times 5 - 3 \times 1}{3 \times 5}\right) (5.31)\text{と同じ}$$

分数式の場合にも，数の場合と同じ四則演算のルールが適用できることが確認できました．

因数分解は神様です

この章の前のほう104ページあたりで

$$(x+a)(x+b) = x^2 + (a+b)x + ab \qquad (5.8)\text{と同じ}$$

$$(a+b)(a-b) = a^2 - b^2 \qquad (5.11)\text{と同じ}$$

のような式の展開を調べたのでした．この節では，この関係を裏から攻めていこうと思います．つまり

$$x^2+(a+b)x+ab = (x+a)(x+b)$$
$$a^2-b^2 = (a+b)(a-b)$$

のように，ずらずらと書かれた整式を，なるべく単純な整式の掛け算に分解しようというのです．この操作は**因数分解**といわれ，中学・高校の数学では微積分や対数と並んできらわれ者の代表格なのですが，きらわれても，きらわれても必ず教えられ，出題されるのはなぜでしょうか．それは，因数分解が遊戯やひまつぶしではなく，大いに有用なしろものだからです．論より証拠，つぎの例を見てください．n の3次整式

$$n^3-6n^2+11n-6 \tag{5.32}$$

があるとしましょう．この式を因数分解すると

$$(n-1)(n-2)(n-3) \tag{5.33}$$

となるのですが，さて，この2つの式を較べてみていただきたいと思います．まず，n にある値——たとえば4——を入れて式の値を計算してみてください．因数分解される前の式(5.32)では

$$4^3-6\times 4^2+11\times 4-6 = 64-6\times 16+11\times 4-6 = 6$$

となりますが，因数分解ずみの式(5.33)でなら

$$(4-1)(4-2)(4-3) = 3\times 2\times 1 = 6$$

というようなものです．どちらがスマートで容易であるかは一目瞭然です．代入した値が4だったからこんなに調子よくいったのではないかと怪しむ方は，100とか23とか-5とか，気のむいた値を代入して確かめておいてください．

　因数分解の有用さを示すつぎの証拠は

$$n^3 - 6n^2 + 11n - 6 \qquad \qquad (5.32)と同じ$$

のままでは見つけにくいこの式の性質が

$$(n-1)(n-2)(n-3) \qquad \qquad (5.33)と同じ$$

の形からは見つけやすいところにあります．たとえば，因数分解された式(5.33)は3つの項の積ですから，1つの項がゼロであれば全体がゼロになるはずです．1番目の項は$n=1$で，2番目の項は$n=2$で，3番目の項は$n=3$でゼロになりますから，nが1か2か3のときに全体の値もゼロになることが読みとれます．したがって

$$(n-1)(n-2)(n-3) = 0 \qquad \qquad (5.34)$$

という方程式があったとすると，この方程式を満足するようなn，いいかえれば，この方程式の解は

$$n = 1, \ 2, \ 3$$

です．このような事実を因数分解する前の式(5.32)から読みとるのは，超能力をもたないふつうの方には不可能です．ここでも因数分解の有用さが立証されています．74ページだったと思いますが，パチンコの玉数を求める問題で

$$n^2 - 3n - 108 = 0 \qquad \qquad (4.9)と同じ$$

を，$(n-12)(n+9) = 0$と因数分解して，$n = 12$または-9を求めたのも，まったくこの伝によるものでした．

ついでに，式(5.32) $n^3 - 6n^2 + 11n - 6$ の値がnの変化につれてどのように変わるかを目で確かめるために

$$y = n^3 - 6n^2 + 11n - 6 \qquad \qquad (5.35)$$

のグラフを描こうと思いたったとしましょう．それには，nにいろいろな値を入れてyの値を計算し，nとyとの関係をグラフ用紙上に記入していく必要がありますが，この式のままでは，グラフ上の

曲線がどのような形になるか見当がつかないので，n に手当たり次第にいろいろな値を入れてみるほかありません．へたな鉄砲も数うてば当たる，かもしれませんが，なんとも効率の悪い話です．けれども，因数分解して

$$y = (n-1)(n-2)(n-3)$$

とし，いくらか脳細胞の活動を期待すると，n に値を入れて計算してみるまでもなく，グラフ上の曲線が頭の中にほうふつとしてくるのです．どうしてかというと……n が 1, 2, 3 のとき，すでに調べたように y がゼロになるのですから，n が 1, 2, 3 の 3 箇所で曲線は n 軸（横軸）を上下によぎるにちがいありません．そして，n が 3 より大きければ $(n-1)$ も $(n-2)$ も $(n-3)$ も正ですから，それらを掛け合わせた y も正に決まっています．そして n が大きくなるにつれて y もどんどん大きくなるでしょう．いっぽう，n が 1 より小さければ $(n-1)$ も $(n-2)$ も $(n-3)$ も負ですから，それらを掛け合わせた y も負になるはずです．そして n が小さくなるにつれて y もどんどん小さくなっていくでしょう．したがって，曲線は 1, 2, 3 の 3 箇所で横軸をよぎり，右上方と左下方へ伸びるのですから，必然的に曲線は図 5.4 の下半分のような姿にならざるを得ません．これで曲線のおおよその姿が頭の中にほうふつとしてきたではありませんか．

あとわからないのは，n が 1 から 2 の間の山の高さと 2 から 3 の間の谷の深さと，n が 3 以上の曲線の上りっぷりと，n が 1 以下の場合の下りっぷりです．これらをもう少し正確に描いてやるためには n に 0, 1.5, 2.5, 4 あたりを代入して y の値を計算してみればよさそうです．

$n=0$　なら　$y=(-1)(-2)(-3)=-6$

$n=1.5$　なら　$y=(0.5)(-0.5)(-1.5)=0.375$

$n=2.5$　なら　$y=(1.5)(0.5)(-0.5)=-0.375$

$n=4$　なら　$y=3\times 2\times 1=6$

これだけわかれば，私たちの曲線を実用上さしつかえない程度の正確さで描くことができます．それが図5.5です．

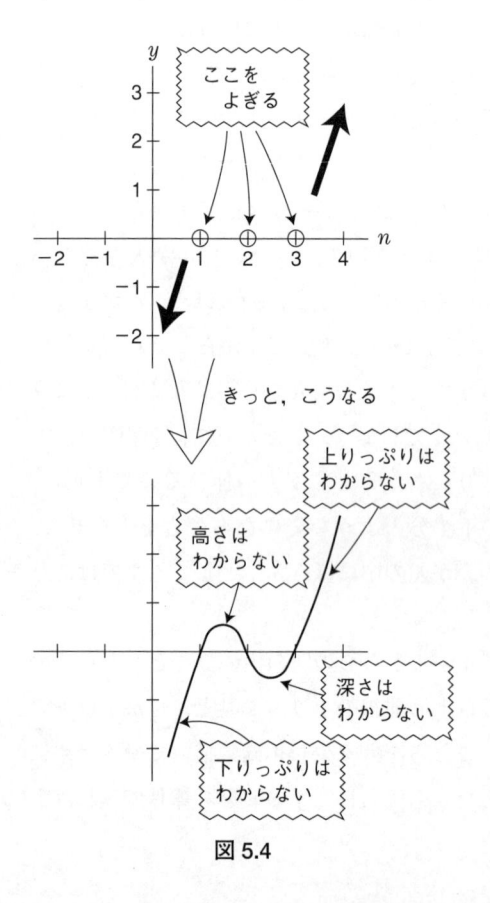

私たちは，この曲線を描くためにたった4つの数値計算を行ったにすぎません．かりに，因数分解をする前の式(5.35)のままでその曲線を描くとしたら，私たちは，まずnに-5から+5まで1とびに11個の値を入れてyの値を計算してみて，それだけでは曲線が描けないことに気がつき，nに再度1.5や2.5の値を入れてyを求めるという効率の悪い作業をしてしまったにちがいありません．私たちが，たった

図 5.4

4つの数値計算で曲線を描くことができたのは，因数分解によって，もとの式の中にごちゃごちゃに混り合って含まれていた性質を，3つの( )に分解してくくり出すことができたからです．そもそも$(n-1)$や$(n-2)$や$(n-3)$を$n^3-6n^2+11n-6$の**因数**といい，因数に分解することを**因数分解**というのですが，因は原因とかものごとの起こりとかを意味するくらいですから，因数をくくり出せば本質が見えてくるのは当然のことでしょう．

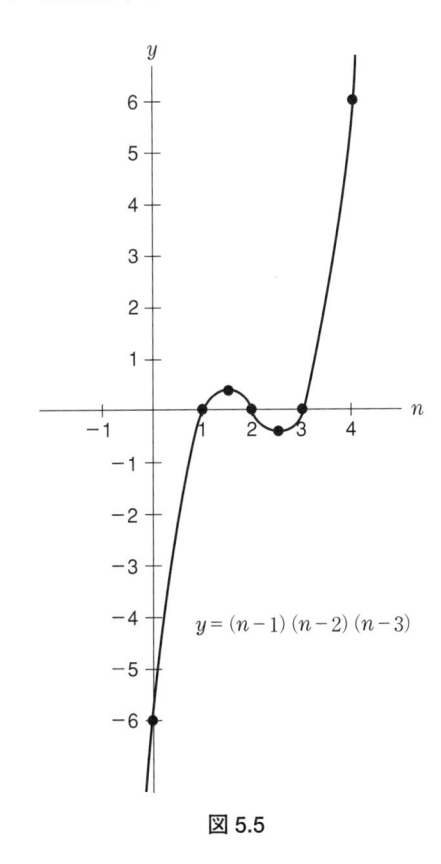

$y=(n-1)(n-2)(n-3)$

図 5.5

展開を逆用すれば

固い話で恐縮です．前節では因数分解の有用さをPRしましたので，この節では因数分解のテクニックに目を移してゆきましょう．てはじめに，この章にすでに現われたいくつかの式がそのまま活用

できそうです．まず

$$A(B+C) = AB+AC \qquad (5.5)と同じ$$

を利用して

$$AB+AC = A(B+C) \qquad (5.5)もどき$$

とすると，$AB+AC$ の2つの項に共通な因数 A をくくり出すことができます．A, B, C はともに整式でしたから，たとえば

$$(ax+b)x^2 + (ax+b)(1+x) = (ax+b)(x^2+x+1)$$

というぐあいに活用するのです．さらに

$$(a+b)(c+d) = ac+bc+ad+bd \qquad (5.7)と同じ$$

を逆方向から利用すると

$$ac+bc+ad+bd = (a+b)(c+d) \qquad (5.7)もどき$$

となるし，また式(5.8)，(5.9)，(5.10)，(5.11)も逆方向から使って

$$a^2+2ab+b^2 = (a+b)^2 \qquad (5.9)もどき$$

$$a^2-2ab+b^2 = (a-b)^2 \qquad (5.10)もどき$$

$$a^2-b^2 = (a+b)(a-b) \qquad (5.11)もどき$$

$$x^2+(a+b)x+ab = (x+a)(x+b) \qquad (5.8)もどき$$

なども，そのまま因数分解として利用できます．

これらの中でも利用度の高いのは式(5.8)もどきなので，これを利用した実例をいくつかやってみましょう．例題1として

$$x^2+5x+6$$

を因数分解してください．式(5.8)もどきと見較べてみると

$a+b$ が 5 に

ab が 6 に

相当しますから，加えると5，掛けると6になるような2つの数を見つければよいはずです．そうなる2つの数は2と3です．した

がって
$$x^2+5x+6 = (x+2)(x+3) \tag{5.36}$$
であることがわかります．もう一度いいますが，こういうとき，加えると5，掛けると6になる2つの数を見つければよいのです．

では例題2として
$$x^2+2x-3$$
を因数分解してみましょう．こんどは，加えると2，掛けると-3になる2つの数を見つけるのです．掛け合わせた値がマイナスですから，いっぽうはプラス，他方はマイナスの値であるにちがいありません．そうと気がつけば求める2つの値が3と1であることに思いいたるはずです．したがって
$$x^2+2x-3 = (x+3)(x-1) \tag{5.37}$$
でーす．

ひきつづき例題3でーす．
$$x^2+3x+1$$
は，いかがでしょうか．こんどは，加えると3，掛けると1になるような2つの数を見つけなければなりません．掛けると1になる2つの数ですぐに思い当たるのは1と1および-1と-1の組合せですが，残念なことに，どちらの組合せも加え合わせると3にはなりません．まいった，まいったと暫く思いあぐねていると「窮すれば通ず」のたとえどおり，0.5と2でも，掛け合わせれば1になるではないかと気がつくのです．整数以外の組合せも採用できるとなれば，可能性は無限に広がり，人生はバラ色に見えてくるではありませんか．けれども，0.5と2では加えると2.5にしかならないし，2つの値にもっと差をつけて0.25と4にしてみると，加えると4.25

にもなってしまいます。0.5 と 2 の組合せと，0.25 と 4 の組合せの中間くらいに，加えると 3, 掛けると 1 になる組合せが存在するはずだと考えるのですが，どうもよくわかりません．実は，加えると 3, 掛けると 1 になる 2 つの値は

$$\frac{3+\sqrt{5}}{2} \quad \text{と} \quad \frac{3-\sqrt{5}}{2}$$

なのです．こんな妙な値なのですから，め・の・こで探していたのでは見当たらなかったのもむりはありません．ほんとうに，この 2 つの値を加えると 3 になり，掛け合わせると 1 になるかどうか，検算をしてみましょうか．

$$\frac{3+\sqrt{5}}{2} + \frac{3-\sqrt{5}}{2} = \frac{3+\sqrt{5}+3-\sqrt{5}}{2} = \frac{6}{2} = 3$$

$$\frac{3+\sqrt{5}}{2} \times \frac{3-\sqrt{5}}{2} = \frac{(3+\sqrt{5})(3-\sqrt{5})}{4}^{*} = \frac{9-5}{4} = 1$$

であり，間違いはありません．ここまでわかれば，x^2+3x+1 の因数分解は簡単です．

$$x^2+3x+1 = \left(x+\frac{3+\sqrt{5}}{2}\right)\left(x+\frac{3-\sqrt{5}}{2}\right) \tag{5.38}$$

となるはずです．問題は，$(3+\sqrt{5})/2$ と $(3-\sqrt{5})/2$ の組合せをどうして見つけたか，です．これについては，157 ページでご説明する予定ですから，しばらくお待ちいただきたいのですが，どうしても辛抱しきれない方のために脚注** に要約を書いておきました．

---

* この掛け算では
 $(a+b)(a-b) = a^2-b^2$ (5.11)と同じ
 が活用されていることに関心を払ってください．

なお，2次式の因数分解はいつでも必ずできるとは限りません．このあたりの事情についても，あわせてご説明する予定です．

因数分解あの手この手

前の節では
$$x^2 + (a+b)x + ab = (x+a)(x+b)$$

(5.8)もどきと同じ

を利用した因数分解の例題を3つもこなしてしまいました．こんどは，いくらか目先を変えて

$$2x^2 + 8x + 6 \tag{5.39}$$

を因数分解してみることにします．前節の例ではx^2の係数がいつも1でしたが，こんどは2であるところが大ちがいです．式(5.8)もどきを利用する場合なら，加えると$a+b$，掛け合わせるとabになるような2つの値を見つければよかったのですが，こんどはx^2に2という目の上のタンコブがあるので，そう簡単にはいきません．少々めんどうです．けれども式(5.39)に限っていえば，少しもむずかしくはありません．x^2の係数も定数も2で割り切れてしまい

$$2x^2 + 8x + 6 = 2(x^2 + 4x + 3)$$

となりますから，（　）の中に式(5.8)もどきを適用し，加えれば4，掛ければ3になる2つの値を探して

** $ax^2 + bx + c = a(x-\alpha)(x-\beta)$とすると
$$\alpha = \frac{-b + \sqrt{b^2 - 4ac}}{2a}, \quad \beta = \frac{-b - \sqrt{b^2 - 4ac}}{2a}$$
です．なぜかは154ページまで辛抱ください．

$$2x^2+8x+6 = 2(x^2+4x+3) = 2(x+1)(x+3) \quad (5.40)$$

とすればよいからです．けれども，たとえば

$$6x^2+11x+3 \quad (5.41)$$

を因数分解したいときに，この手を使うと

$$6x^2+11x+3 = 6\left(x^2+\frac{11}{6}x+\frac{3}{6}\right)$$

となり，加えると11/6，掛け合わせると3/6になるような2つの値をめのこで見つけるのは容易ではありません＊．もちろん前ページの脚注を使ってしゃにむに因数分解をする手は残されていますが，これは最後の手段にとっておきたいものです．

そこで，式(5.40)のように，x^2に足手まとい係数がついているような式を因数分解したいときには

$$acx^2 + (ad+bc)x + bd = (ax+b)(cx+d) \quad (5.42)$$

が使えないかどうかを検討してみるのが良策です．この恒等式は

$$(a+b)(c+d) = ac+bc+ad+bd \quad (5.7)$$

と同じの，aの代わりにax，cの代わりにcxを代入して右辺と左辺をそっ

＊ めのこで見つからなければ，方程式をたてて計算をしてやればいい，そのための「方程式のはなし」ではないか，というわけで

$$a+b = 11/6$$
$$ab = 3/6$$

を連立して解いてみましょうか．下の式から$b = 3/6a$を求め，これを上の式に代入すると

$$6a^2-11a+3 = 0$$

となり，これからaを求められるくらいの方なら，私たちの式

$$6x^2+11x+3$$

も因数分解できるはずなので，手間ひまをかけた割には有効ではありません．

V 式を運算する

くり入れ換えて作り出したもので，図5.1と同じように，図5.6がその意味を表わしています．図の中で，右上の長方形と左下の長方形の面積をたばにしたのが，式(5.42)の中の$(ad+bc)x$であることはもちろんです．この，式(5.42)と私たちの式(5.41)とを較べてみましょう．

$$acx^2 + (ad+bc)x + bd = (ax+b)(cx+d)$$
$$6x^2 + \quad\quad\quad 11x + 3 = (\alpha x + \beta)(\gamma x + \delta)$$

こう並べてみると，いろいろなことに気がつきます．まずαとγとを掛け合わせると6になるのですから，αとγは1と6か，2と3ではないでしょうか．もちろん，9/2と4/3とか，9と2/3なども掛け合わせると6になるのですが，とりあえず，半端な値は脇において，整数の組合せを考えてみようではないですか．つぎに，βとδとを掛け合わせると3になるのですからβとδとは1と3ではないかと勝手に想像するのです．そうして，そのとき$\alpha\delta + \beta\gamma$がいくらになるかを表5.2のように計算してみます．αとγとが1と6の組合せに対して，β

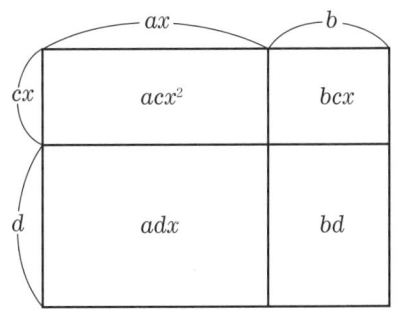

$$acx^2 + (ad+bc)x + bd$$
$$= (ax+b)(cx+d)$$

図 5.6

表 5.2

α	γ	β	δ	$\alpha\delta + \beta\gamma$
1	6	1	3	3 + 6 = 9
		3	1	1 + 18 = 19
2	3	1	3	6 + 3 = 9
		3	1	2 + 9 = 11

と δ とは 1 と 3 および 3 と 1 を並べて計算すれば，それで必要かつ十分です．

$$(x+1)(6x+3) \quad と \quad (x+3)(6x+1)$$

とは別物ですから，別々にチェックしてみる必要がありますし，また

$$(x+1)(6x+3) \quad と \quad (6x+3)(x+1)$$
$$(x+3)(6x+1) \quad と \quad (6x+1)(x+3)$$

とは同じ物ですので，α と γ が 6 と 1 である組合せまではチェックする必要はないからです．

さて，私たちの式(5.41)が因数分解されるためには $\alpha\delta + \beta\gamma$ が 11 でなければなりません．それは，表5.2のように，α と γ が 2 と 3，β と δ が 3 と 1 の場合だけです．したがって，式(5.41)は

$$6x^2 + 11x + 3 = (2x+3)(3x+1) \tag{5.43}$$

と，因数分解されることがわかりました．

この方法は，いつもうまくいくとは限りません．α と γ が 9/2 と 4/3 というような半端な値のときには成功しないし，x^2 の係数や定数が 12 とか 24 とかのような多くの素因数*を持つ値であると，チェックしてみなければならない $\alpha\delta + \beta\gamma$ の組合せがたくさんあって手数がかかりすぎます．けれども，中学や高校で出題される因数分解の問題には，この方法で答が見つかる場合が少なくありません

---

* 自然数(1, 2, 3, …)の中で，1以外の数で割り切れないような数を素数といいます．2, 3, 5, 7, 11, …などが素数です．そして，ある自然数，たとえば24を

$$24 = 2 \times 2 \times 2 \times 3$$

のように素数の掛け算に分解することを**素因数分解**といい，掛け算の構成要素である 2 と 3 を**素因数**といいます．私たちが取組んでいる因数分解が式を対象としているのに対して，こちらは数を対象としています．

V 式を運算する　　　　　　　　　　　　　　　　*135*

から，試してみて損のない方法といえるでしょう．

剰余定理ごふんとう

　因数分解は，131ページの脚注などの方法で時間をかけて力まかせにやるのが最後の手段ですが，コツをのみ込むと最後の手段によるまでもなく，直感的に解ける場合が少なくありません．その手がかりは，多くの場合，定数項です．前に使った式

$$n^3 - 6n^2 + 11n - 6 \quad\quad\quad (5.32)と同じ$$

を例にとりましょう．この式はnの3次式なので，いきなり因数分解をするのは手強わそうです．けれども，3次式ですから

$$(n+r)(n+s)(n+t)$$

の形に因数分解されることが予想されます．この式の3つの（　）を掛け合わせると8つの項ができますが，そのうちnを含まない定数はrstだけです．したがって，rstが-6でなければなりません．3つの数を掛けると-6になるのですから，r, s, tはそれぞれプラスかマイナスの1, 2, 3である可能性が大きそうです．

　では，r, s, tは±1, ±2, ±3のうちのどれなのでしょうか．ここで活躍を期待されるのが113ページで紹介した**剰余定理**です．剰余定理は「整式Aを$x-\alpha$で割ったときの余りRは，整式Aのxにαを代入した値と同じ」でしたが，これを応用すると，「整式Aのxにαを代入したときゼロになるならば整式Aは$x-\alpha$で割り切れる」ことを意味しています．したがって，xをnと読み変えれば

$$n^3 - 6n^2 + 11n - 6 \quad\quad\quad (5.32)と同じ$$

の n に,ある値 α を代入したとき,この式の値がゼロになるならば,この式は $(n-\alpha)$ で割り切れるはずです.いいかえれば,$(n-\alpha)$ はこの式の因数の 1 つであるはずです.私たちの例では,α は ± 1,± 2,± 3 のいずれかである可能性が大きいのですから,試しに n に 1 を代入してみましょう.

$$1^3 - 6 \times 1^2 + 11 \times 1 - 6 = 0$$

うまくいきました.n に 1 を代入したとき式 (5.32) がゼロになるのですから,式 (5.32) は $(n-1)$ で割り切れるはずであり,いいかえれば,$(n-1)$ は式 (5.32) の因数の 1 つにちがいありません.因数が 1 つわかれば,あとはらくです.式 (5.32) を $(n-1)$ で割ってみると

$$\begin{array}{r}
n^2 - 5n + 6 \\
n-1 \overline{\smash{\big)}\, n^3 - 6n^2 + 11n - 6} \\
\underline{n^3 - n^2\phantom{{}+11n-6}} \\
-5n^2 + 11n - 6 \\
\underline{-5n^2 + 5n\phantom{{}-6}} \\
6n - 6 \\
\underline{6n - 6} \\
0
\end{array}$$

となりますから

$$n^3 - 6n^2 + 11n - 6 = (n-1)(n^2 - 5n + 6)$$

です.右辺の 2 番目の ( ) の中を因数分解するのは,たいしてむずかしくはありません.加えると -5,掛けると 6 になる 2 つの値は -2 と -3 ですから

$$(n^2 - 5n + 6) = (n-2)(n-3)$$

であることがわかり

$$n^3-6n^2+11n-6 = (n-1)(n-2)(n-3) \tag{5.44}$$

と因数分解が完了します.

　もうひとつの例を挙げましょう．ちと，むずかしいですよ．

$$x^2(y+z)-y^2(x+z) \tag{5.45}$$

を因数分解してみようというのです．x と y と z とが微妙にからみあっていて，どこから手をつけたものやら，思案投首です．しかし，何となく x と y と z とがこの式の中で同じような役割を果たしているように見えませんか．そこで，x の文字を y に変えてみてください．そうすると

$$y^2(y+z)-y^2(y+z)$$

となるのですが，これは，即，ゼロです．x に y を代入したらゼロになってしまったのですから，式(5.45)は $(x-y)$ で割り切れるにちがいありません．因数の 1 つがこうして見つかったのです．あとは式(5.45)を $(x-y)$ で割ってやるまでのことです．式(5.45)を展開して x の降べきの順に並べると

$$x^2(y+z)-y^2(x+z) = (y+z)x^2-y^2x-y^2z$$

ですから，これを頭から $(x-y)$ で割ってゆきます．割られるほうと割るほうを，x だけに注目して見比べながら割ってゆくのです．

$$
\begin{array}{r}
(y+z)x +yz \\
x-y \enclose{longdiv}{(y+z)x^2 -y^2x-y^2z} \\
\underline{(y+z)x^2-y(y+z)x } \\
yzx-y^2z \\
\underline{yzx-y^2z} \\
0
\end{array}
$$

と，きれいに割り切れますから
$$x^2(y+z) - y^2(x+z) = (x-y)\{(y+z)x + yz\}$$
$$= (x-y)(xy+yz+zx) \quad (5.46)$$
と因数分解することができました．式(5.45)のように，何となく x, y, z が式の中で同じような役割を果たしているように見えるとき，式の中の x に y や $-y$ を代入したとき，式の値がゼロにならないかと試みてみるのも剰余定理を利用した因数分解のコツの1つです．

似たような例ですが
$$xy(x+y) + yz(y+z) + zx(z+x) + 3xyz \quad (5.47)$$
を因数分解してください．こんどは，x, y, z が '何となく' ではなく完全に同じ役割を式の中で分担しています．そうであれば $(x+y+z)$ が因数の1つではないかと見当がつきます．x, y, z が全く同じ立場を占めているもっとも簡単な式が $(x+y+z)$ だからです．そこで，式(5.47)の x に $-y-z$ を代入してみると，たしかに
$$(-y-z)y(-z) + yz(y+z) + z(-y-z)(-y) + 3(-y-z)yz$$
$$= yz(y+z) + yz(y+z) + yz(y+z) - 3yz(y+z)$$
$$= 0$$
となるので，$(x+y+z)$ が因数の1つであることが確認できます．したがって，式(5.47)は
$$xy(x+y) + yz(y+z) + zx(z+x) + 3xyz$$
$$= (x+y+z)(\qquad)$$
という形に因数分解できるはずです．そして，式(5.47)は x, y, z についての3次式ですから，右辺の( )の中は x, y, z についての2次式であり，この中でも x, y, z は全く同じ立場を占めていなければなりません．そういう2次式は

$$x^2+y^2+z^2 \quad か \quad xy+yz+zx$$

のどちらかです．ところが$(x+y+z)$と$(x^2+y^2+z^2)$とを掛け合わせるとx^3, y^3, z^3などが現われてしまうし，それにxyzの項が生まれませんから，$(x^2+y^2+z^2)$は式(5.47)の因数ではないようです．いっぽう，$(xy+yz+zx)$を$(x+y+z)$に掛ければ，x^2, y^2, z^2など不必要な項は現われず，xyzの項が生まれますから，こちらが式(5.47)の因数ではないかと考えられます．確かに検算をしてみると

$$(x+y+z)(xy+yz+zx)$$

は，式(5.47)とぴったり同じになります．故に

$$xy(x+y)+yz(y+z)+zx(x+z)+3xyz$$
$$=(x+y+z)(xy+yz+zx) \tag{5.48}$$

と因数分解できることが判明しました．

このくらいむずかしい因数分解をこなしてくると，もう

$$x^3+y^3 \quad や \quad a^3-b^3$$

を因数分解するくらいは，わけはありません．x^3+y^3では，xに$-y$を代入してやればゼロになりますから，$(x+y)$が因数の1つであり

$$x^3+y^3=(x+y)(x^2-xy+y^2) \tag{5.49}$$

また，a^3-b^3では，aにbを代入すればゼロになるので，$(a-b)$が因数の1つであり

$$a^3-b^3=(a-b)(a^2+ab+b^2) \tag{5.50}$$

という調子にすいすいと因数分解ができてしまいます．

因数分解は，たしかに馴れない方にとっては煩わしいものです．けれども，式の運算の中では，式の展開と並んで重要な位置を占めています．なぜなら，127ページに書いたように数式の意味を理解

したり，数値計算をしたりするとき，因数分解がとても役に立つからです．数ページを費やして因数分解のあの手，この手をご紹介しましたので，どこかでご利用いただければ幸いです．

なお，整式の展開と，その逆方向の操作としての因数分解のうち，公式とみなせるくらい重要なものを巻末の付録239ページに付けておきましたので，参考にしてください．

この章では整式を中心にした計算のルールを書いてきました．けれども，これらの大部分は整式以外の式にも応用が効きます．たとえば

$$(a+b)(a-b) = a^2 - b^2$$

と同様に

$$(\sin x + \cos x)(\sin x - \cos x) = \sin^2 x - \cos^2 x$$

とか，あるいは

$$n^3 - 6n^2 + 11n - 6 = (n-1)(n-2)(n-3)$$

と同様に，分数式でも

$$\frac{1}{n^3} - \frac{6}{n^2} + \frac{11}{n} - 6 = \left(\frac{1}{n} - 1\right)\left(\frac{1}{n} - 2\right)\left(\frac{1}{n} - 3\right)$$

が成立するというように，です．

VI 方程式を解く

天秤がぴたり

 時代の移り変わりにつれて，新しい風俗が現われると同時に，いろいろな風俗が消えてゆきます．諸行無常，有為転変の現世ですから仕方がないのかもしれませんが，それでも消えてゆく風俗の中には惜別の情を禁じ得ないものも少なくありません．そのうちのひとつに，物売りがあります．いまでも，焼き芋屋や竿竹屋がスピーカーの音を響かせながら，小型トラックを流してくるところもありますが，これではまるで風情がありません．むかしの物売りの哀愁をおびたラッパの音をおりまぜた「とーおふー」と細く長い売り声や，夏の暑い昼さがりの「えー，きんぎょーえ」などの売り声に，庶民の生活の哀歓がにじんでいたものでした．青年時代のひとときを生活した北陸の海辺で，毎朝とれたばかりの・・・いわしを「さっしゃめー，いらんかねー」と売りにくる漁村のおばさんたちの声で目を覚ましたことを，半世紀以上も経ったいまでも忘れることができま

せん．

　こういう物売りの人たちは，きまって，てんびん棒の両端に荷物を振り分けてかついでいたものでした．小型トラックどころか，リヤカーさえも簡単には入手できなかった時代に，目方の張る荷物を持ち運ぶには，それがいちばん便利な方法だったのでしょう．荷物を前後に平等に振り分けてかつげば，荷物の目方を安定して肩で支えることができるので，手にぶら下げるよりずっと楽に荷物を運搬することができたにちがいありません．平安時代の絵巻物にもてんびん棒をかついだ行商が描かれているところを見ると，てんびん棒はずいぶん古くから使われていたもののようです．

　ところで，てんびん棒のちょうどまん中をかつぐものとすると，前の荷物が後の荷物より重ければ，てんびん棒は前方へ傾こうとするし，反対に後の荷物のほうが重ければ，てんびん棒は後方へ傾こうとします．したがって，てんびん棒をかついでみると前後の荷物のどちらが重いかが判定できる道理です．で「天秤にかける」とか「両天秤」とかの言葉も生まれたのでしょう．

　たまたま前後の荷物の重さが等しいとき，まん中でかつがれたてんびん棒は，ぴたりと水平に安定します．そして，前後の荷物に同じ重さを追加しても，あるいは，前後の荷物から同じ重さを取除いても，この'ぴたり'は依然として保たれます．実は，この'ぴたり'の状態が等式の性質をうまく表わしているのです．そこで，てんびん棒の代わりに天秤ばかりを使って等式の性質を整理してみようと思います．なお，47ページに書いたように，等式は左辺と右辺とが等号（＝）で結ばれた式の総称です．いつでも＝が成立する恒等式と，ある条件のもとでだけ＝が成立する方程式と両方を含むこ

VI 方程式を解く　　**143**

とを思い出しておいてください.

　まず, 天秤ばかりの左の皿には A の重さが, 右の皿には B の重さが載っているとしましょう. 天秤はどちらにも傾かず, ぴたりと安定しています. このとき

$$A = B \tag{6.1}$$

であることはもちろんです. つぎに, 左右の皿に同じ重さ C を加

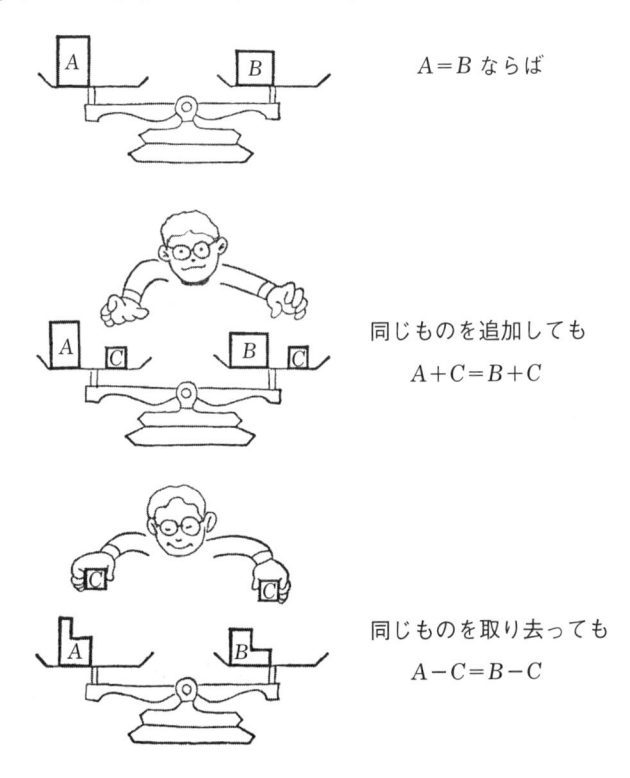

$A=B$ ならば

同じものを追加しても
$A+C=B+C$

同じものを取り去っても
$A-C=B-C$

天秤はぴたりである.

図 6.1

えてやります．天秤ばかりは，依然として'ぴたり'です．つまり

$$A + C = B + C \tag{6.2}$$

なのです．等式の両辺に同じものを加えても等式は依然として成りたつからです．では，AとBとで左右がバランスしている天秤ばかりの左右の皿から，同じ重さCを取り去ったらどうでしょうか．やはり，天秤のバランスはぴたりと安定しているにちがいありません．つまり

$$A - C = B - C \tag{6.3}$$

ですから，等式の両辺から同じものを引いても等式が成立することがわかります．

等式の両辺に同じ値を加えても，あるいは同じ値を引いても等式は成りたつ……．この性質を利用してみます．いま

$$a = b - c \tag{6.4}$$

という等式があるとしましょう．この式の両辺にcを加えても，やはり等式は成立するはずですから

$$a + c = b \tag{6.5}$$

です．式(6.4)と式(6.5)を比較してみてください．式(6.4)では右辺にあった$-c$が式(6.5)では左辺に移って符号が$-$から$+$に変わっています．私たちは，このような操作を**移項**と呼んでいます．すなわち，私たちが移項と呼ぶ操作は，ある項の符号を変えて$=$の反対側へ移動させることなのですが，この操作は，本質的には等式の両辺に同じものを加えて（あるいは引いて）も等式が依然として成立することを利用したもので，ある項の符号を変えて$=$の反対側に移していい，というのは，その結果にすぎません．

移項はまた，図6.2のように考えることもできそうです．すなわ

Ⅵ 方程式を解く　　　　　**145**

$$a = b - c$$

なら

$$a + b = c$$

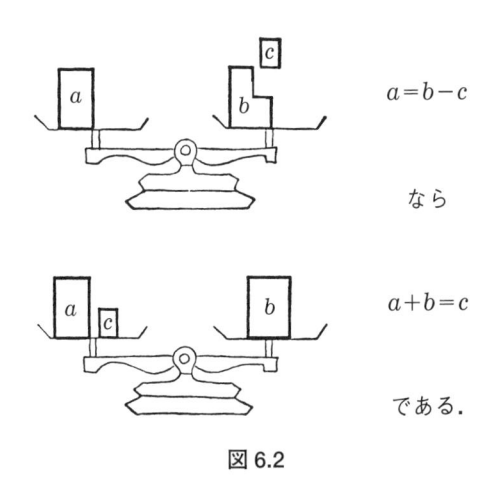

である．

図 6.2

ち，天秤のバランスの観点からいえば，いっぽうの皿からある値を取り去ることは，他方の皿にそれと同じ値を追加するのと同じ効果があると言えるでしょう．

つぎに，左の皿には A が，右の皿には B が載って天秤がぴたりと安定しているなら，つまり

$$A = B$$

であるなら，左の皿に A を n 個，右の皿には B を n 個載せたとしても，'ぴたり'は些かもゆるがないにちがいありません．したがって

$$nA = nB \tag{6.6}$$

です．また，左の皿の A を $1/n$ に減らし，右の皿の B を $1/n$ に減らしても，やはり左右のバランスは崩れないでしょう．すなわち

$$\frac{A}{n} = \frac{B}{n} \tag{6.7}$$

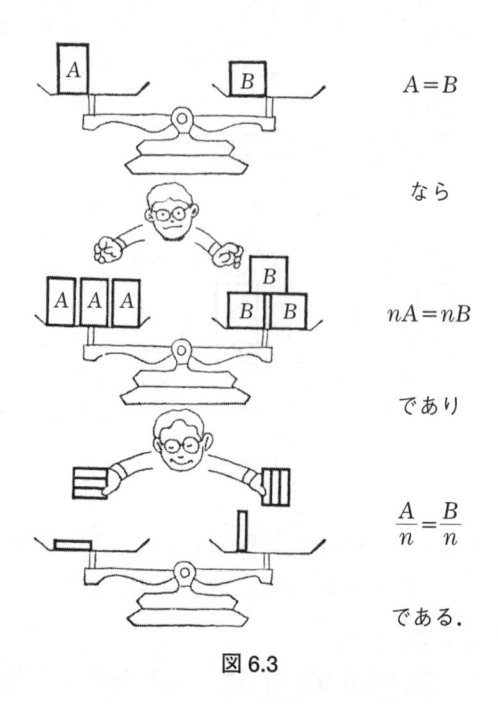

$A = B$

なら

$nA = nB$

であり

$\dfrac{A}{n} = \dfrac{B}{n}$

である.

図 6.3

もまちがいのないところです. この際, n がゼロであってはいけないことは, いうまでもありません. これらの性質を利用すると

$$na = b \tag{6.8}$$

の両辺を n で割って

$$a = \dfrac{b}{n} \tag{6.9}$$

となりますが, これは, 左辺の a を n 倍することの効果と, 右辺の b を n で割ることの効果とが等しいことを表わしています. 式 (6.4) と式 (6.5) とが, 左辺の a に c を加える効果と右辺の b から c を引く効果とが等しいことを表わしていたのと好一対です.

VI 方程式を解く

天秤ばかりの絵を使ったりして，したり顔に等式の性質を述べてきたのですが，最後に端的に整理しておきます．

「等式の両辺に，同じものを加えても，引いても，同じものを掛けても，同じもので割っても，等式は成立する．」

1次方程式を解く

1元1次方程式を解く手順は，したり顔で述べてきた等式の性質の応用そのものといってよいくらいです．たとえば

$$5x - 3 = 2x + 6 \tag{6.10}$$

を解いて，x の値を求める手順を観察してみましょうか．まず，右辺の $2x$ を左辺に移項して

$$5x - 2x - 3 = 6$$

とするのですが，これは等式の両辺から同じ値を引いても等式は依然として成立するという等式の性質を利用して，両辺から $2x$ を引いたものです．つぎに，左辺の -3 を右辺に移項すれば

$$5x - 2x = 6 + 3$$

となりますが，これは等式の両辺に同じものを加えてもよいから，両辺に3を加えてやったところです．ここで式を整理すると

$$3x = 9$$

となりますから，つぎに，等式の両辺を同じ値で割ってもよいという原理に従って両辺を3で割ると

$$x = 3$$

というように，x が求められます．

ここで

$$5x - 3 = 2x + 6 \qquad\qquad (6.10)と同じ$$

は，x が3のときに限って成立する等式ですから，恒等式ではなく方程式です．そして，方程式が成立するための条件 $x = 3$ を求めることを，**方程式を解く**といい，$x = 3$ をその方程式の**解**ということは前にも書いたとおりです．また，式(6.10)の中で，5，－3，2，6は，いずれも決まった**定数**ですから，いまさら変化のしようもありません．これに対して x は，いくらと決められていない値なので**変数**と呼ばれます．つまり，変数は定数に対応する用語と考えてよいでしょう．そして，式(6.10)の5や2のように，変数に掛け合わされている定数を**係数**ということも，ご存知のとおりです．これらの用語を使って1元1次方程式の解き方を述べるなら

(1) 変数を含む項はすべて左辺に，定数だけの項はすべて右辺に移項する．

(2) 同類項をまとめて整理し，$Ax = B$ の形にする．

(3) 変数 x の係数 A で両辺を割れば，答が求まる．

となるでしょう．この手順を一般的に書けば

(1) $ax + b = cx + d$ を $ax - cx = d - b$ とする．

(2) 同類項をまとめて $(a - c)x = d - b$ とする．

(3) x の係数で両辺を割れば $x = \dfrac{d - b}{a - c}$ ………〔答〕

という次第です．

なお，式(6.10)の例で，5，－3，2，6は既にわかっている数なので**既知数**，x は未だわからない数なので**未知数**という呼び方もあります．われわれが日常使う言葉でも，あいつの実力は未知数だ，などといいますが，数学用語にもしゃれた使い途があるものです．

「等式の両辺に，同じものを加えても，引いても，同じものを掛けても，同じもので割っても，等式は成立する」という原理は，方程式を解く場合ばかりでなく，恒等式を証明する場合にも活用されます．たとえば

$$p^3 + p^2 - p = p(p + 1)(p - 1) + p^2 \qquad (6.11)$$

を証明してみてください．まず，両辺から p^2 を引きます．

$$p^3 - p = p(p + 1)(p - 1)$$

つぎに，両辺を p で割ります．

$$p^2 - 1 = (p + 1)(p - 1)$$

これは 128 ページの

$$a^2 - b^2 = (a + b)(a - b) \qquad (5.11) もどきと同じ$$

において，a を p に b を 1 にしたものですから，成立することがすでに実証ずみです．

2次方程式にアタック

『噺家殺すにゃ刃物はいらぬ，欠伸一つもすればよい』という，落語家にとっては物騒な言葉がありますが，それを真似ていえば，1次式解くにゃ技巧はいらぬ，手順の3つも踏めばよい，というわけで，等式の性質を利用した前ページの3つの手順に従えば，いつでも確実に 1元1次方程式の解を見出すことができます．けれども，1元2次方程式になると，方程式の解き方はぐっと複雑になってしまいます．もっとも，いつもむずかしいとは限りません．やさしいときも，むずかしいときも，それから実数の範囲では解けないときもあるから複雑なのです．では，その複雑さに挑戦……．

まず，やさしめの例からはじめます．

$$x^2 - 3x + 2 = 0 \tag{6.12}$$

を解いてみてください．いいかえれば，この等式が成立するような x の値を求めてください，です．これは簡単です．左辺を因数分解するには加えると -3，掛け合わせると 2 になるような 2 つの値を見つければよく

$$(x - 1)(x - 2) = 0 \tag{6.13}$$

を探し当てるのにたいして苦労はしないでしょう．この式が成立するためには左辺がゼロでなければならず，左辺がゼロになるためには 2 つの（ ）のどちらか 1 つがゼロになるか両方ともゼロになる必要があります．1 番めの（ ）がゼロになるのは x が 1 のときですし，2 番めの（ ）がゼロになるのは x が 2 のときです．けれども x が同時に 1 と 2 になることはできませんから，両方の（ ）が同時にゼロになることはありません．したがって，因数分解された式(6.13)が成立するためには

$$x = 1 \quad か \quad x = 2$$

である必要があります．また，$x = 1$ か $x = 2$ であれば式(6.13)は必ず成立します．式(6.13)は式(6.12)を因数分解した式にすぎず，式(6.13)と式(6.12)とは数学的には同じ式ですから，私たちの式(6.12)の解は

$$x = 1 \quad および \quad x = 2$$

です．こういうとき，1 と 2 を式(6.13)の**根**であるともいいます．解と根とは同じようなもので紛らわしいのですが，式(6.13)を解けという問題に対して $x = 1$ および 2 と答えるのを解といい，式(6.13)が本質的に持っている等式が成立するための x の値を根という，と

でも区別しておいてください．混同してしまっても実用上困りはしませんが……．

このように，2次方程式の解は2つあるのがふつうです．私たちは
$$x^2 = 4 \tag{6.14}$$
を解いてxを求めるとき，両辺を平方に開いて
$$x = 2$$
としてしまいがちですが，これだけでは正しくありません．このほか
$$x = -2$$
も，りっぱに式(6.14)の解です．xが-2であればx^2は間違いなく4になるのですから……．たしかに，式(6.14)を変形して
$$x^2 - 4 = 0$$
とし，左辺を因数分解してみれば
$$(x + 2)(x - 2) = 0$$
であり，xが-2と2のとき方程式が成立するのが一目瞭然です．

つぎに進みます．
$$x^2 + 3x + 1 = 0 \tag{6.15}$$
を解いてみましょう．左辺を因数分解したいのですが，加えると3，掛けると1になるような2つの値は何と何でしょうか．実は，この因数分解は，130ページでさんざん苦労したあげく，結局は
$$\left(x+\frac{3+\sqrt{5}}{2}\right)\left(x+\frac{3-\sqrt{5}}{2}\right) = 0$$
という結果だけをお目にかけたのでした．そして，どうしてこの結果を知ることができたかは宿題のままになっているのでした．そこで，ここでは一般の2次方程式の解について，ややめんどうな吟味をしてゆかなければなりません．ごめんどうでも，付き合ってくだ

さい．

ここに一般的な形で書かれた1元2次方程式

$$ax^2 + bx + c = 0 \tag{6.16}$$

があるとしましょう．左辺が因数分解できて

$$a(x - \alpha)(x - \beta) = 0 \tag{6.17}$$

の形になるとすれば，この方程式が成立する条件は

$$a = 0 \quad \text{か} \quad x = \alpha \quad \text{か} \quad x = \beta$$

です．このいずれかであれば，式(6.17)の左辺はゼロになって右辺のゼロと等しくなるからです．けれども，このうち $a = 0$ は式(6.16)の左辺の第1項が消滅することを意味し，それでは2次式とは言えなくなるので論外です．したがって，2次方程式(6.16)の解は

$$x = \alpha \quad \text{と} \quad x = \beta$$

です．すなわち，左辺が因数分解できさえすれば2次方程式の解はなんの苦もなく見つかるのです．

では，因数分解に必要な α と β はどうしたら見つかるのでしょうか．式(6.16)の左辺を a でくくれば

$$a\left(x^2 + \frac{b}{a}x + \frac{c}{a}\right) = 0$$

ですから，これと式(6.17)とを見較べてみると

$$x^2 + \frac{b}{a}x + \frac{c}{a} = (x - \alpha)(x - \beta)$$

になるように因数分解すればよいはずです．すなわち加えると b/a になり，掛けると c/a になるように $-\alpha$ と $-\beta$ とを決めればよいはずです．つまり

$$-\alpha - \beta = \frac{b}{a} \qquad (※)$$

$$\alpha\beta = \frac{c}{a} \qquad (※※)$$

になるようにαとβとを決めるのです．そこで式(※)からβを求め，これを式(※※)に代入してやると

$$\alpha\left(-\frac{b}{a} - \alpha\right) = \frac{c}{a}$$

整理すると

$$\alpha^2 + \frac{b}{a}\alpha + \frac{c}{a} = 0$$

となってしまい，αを求めるには2次方程式を解かなければなりません．2次方程式を解くための手続きを見つけようとしているのに，2次方程式を解かなければそれが見つからないようでは，何が目的で何が手段なのかわからないではありませんか．

2次方程式を解く

私たちは，2次方程式を解くために2次式を因数分解しようと思い，因数を見つけるための式をたててみたら，それがまた2次方程式になってしまいました．人間の世界では人が人を裁くような大それたことを平気でやっているのですが，2次方程式を解くために2次方程式を使うようでは，どうしようもありません．参ってしまいました．

参ったときには発想の転換が肝腎です．一般的な2次方程式

$$ax^2 + bx + c = 0 \qquad (6.16)と同じ$$

に手を加えて変形してみましょう．まず，せめて x^2 の係数だけでも取り去るために，左辺を a でくくります．

$$a\left(x^2 + \frac{b}{a}x + \frac{c}{a}\right) = 0$$

この式の左辺に不思議な操作を加えます．$(b/2a)^2$ を加え，そして $(b/2a)^2$ を引くのです．ある値を加えて直ちに同じ値を引いてしまったらなんにもならないように思えますが，これが「坊さんのロバ」* よりももっと働くのですから見ていてください．

$$a\left\{x^2 + \frac{b}{a}x + \frac{c}{a} + \left(\frac{b}{2a}\right)^2 - \left(\frac{b}{2a}\right)^2\right\} = 0$$

順序を入れ換えて，2つの { } に分割します．

$$a\left[\left\{x^2 + \frac{b}{a}x + \left(\frac{b}{2a}\right)^2\right\} + \left\{\frac{c}{a} - \left(\frac{b}{2a}\right)^2\right\}\right] = 0$$

1番めの { } の中は因数分解し，2番めの { } の中の引き算をします．

$$a\left\{\left(x + \frac{b}{2a}\right)^2 - \frac{b^2 - 4ac}{4a^2}\right\} = 0$$

2項めを $\sqrt{}$ に開いて2乗してみます．

---

* 「坊さんのロバ」──3人の息子の父親が死んだ．遺産はロバ17頭．長男は1/2，次男は1/3，三男は1/9を受けとるようにと遺言を残していた．17頭は2でも3でも9でも割り切れないので，3人の息子が困っているところへ，1頭のロバを連れた坊さんが通りかかり，息子たちの話を聞いた．坊さんは遺産のロバ17頭に自分のロバを加えて18頭とし，長男にはその1/2の9頭，次男には1/3の6頭，三男には1/9の2頭を分け与え，残った1頭を連れて去っていった……．というお話です．

VI 方程式を解く

$$a\left\{\left(x+\frac{b}{2a}\right)^2-\left(\frac{\sqrt{b^2-4ac}}{2a}\right)^2\right\}=0$$

ここで，ぜひ

$$A^2-B^2=(A-B)(A+B)$$

の関係を連想していただきたいものです．この関係を使えば

$$a\left(x+\frac{b}{2a}-\frac{\sqrt{b^2-4ac}}{2a}\right)\left(x+\frac{b}{2a}+\frac{\sqrt{b^2-4ac}}{2a}\right)=0$$

$$\therefore\quad a\left(x+\frac{b-\sqrt{b^2-4ac}}{2a}\right)\left(x+\frac{b+\sqrt{b^2-4ac}}{2a}\right)=0$$

となります．できた……！

私たちの2次方程式

$$ax^2+bx+c=0 \qquad (6.16)\text{と同じ}$$

は

$$a(x-\alpha)(x-\beta)=0 \qquad (6.17)\text{と同じ}$$

の形に因数分解され，α と β とは

$$\left.\begin{array}{l}\alpha=\dfrac{-b+\sqrt{b^2-4ac}}{2a}\\[2mm]\beta=\dfrac{-b-\sqrt{b^2-4ac}}{2a}\end{array}\right\} \qquad (6.18)$$

なのです．検算をしてみましょうか．

$$\alpha+\beta=\frac{-b+\sqrt{b^2-4ac}}{2a}+\frac{-b-\sqrt{b^2-4ac}}{2a}$$

$$=\frac{-2b}{2a}=-\frac{b}{a}$$

$$\therefore \quad -\alpha - \beta = \frac{b}{a}$$

ですから，たしかに153ページの式(※)が成りたっています．また

$$\alpha\beta = \frac{-b+\sqrt{b^2-4ac}}{2a} \cdot \frac{-b-\sqrt{b^2-4ac}}{2a}$$

$$= \frac{(-b)^2-(\sqrt{b^2-4ac})^2}{4a^2} = \frac{b^2-b^2+4ac}{4a^2} = \frac{c}{a}$$

となり，153ページの式(※※)のとおりであることも確認できます．

こういう次第ですから，一般的な2次方程式

$$ax^2 + bx + c = 0 \qquad\qquad (6.16)と同じ$$

の左辺を因数分解すると

$$a(x-\alpha)(x-\beta) = 0$$

$$\text{ここで} \quad \alpha = \frac{-b+\sqrt{b^2-4ac}}{2a}$$

$$\beta = \frac{-b-\sqrt{b^2-4ac}}{2a}$$

であり，したがって，2次方程式(6.16)の解は

$$x = \alpha \quad \text{および} \quad x = \beta$$

であります．αとβとは分子の+と-が異なるだけですから，まとめて書けば

$$ax^2 + bx + c = 0 \qquad\qquad (6.16)と同じ$$

の根は

$$x = \frac{-b \pm \sqrt{b^2-4ac}}{2a} \qquad\qquad (6.19)$$

で表わされることになります．

ここで，151ページの方程式

$$x^2 + 3x + 1 = 0 \qquad (6.15)と同じ$$

を解いてみましょう．式(6.16)と較べてみると

$$a = 1, \ b = 3, \ c = 1$$

に相当しますから，式(6.15)の根は

$$x = \frac{-3 \pm \sqrt{3^2 - 4 \times 1 \times 1}}{2} = \frac{-3 \pm \sqrt{5}}{2}$$

であることがわかります．したがって，式(6.15)の左辺は

$$\left(x - \frac{-3-\sqrt{5}}{2}\right)\left(x - \frac{-3+\sqrt{5}}{2}\right) = \left(x + \frac{3+\sqrt{5}}{2}\right)\left(x + \frac{3-\sqrt{5}}{2}\right)$$

に因数分解できるはずなのです．これが130ページの因数分解のいきさつです．

2次方程式の根のさまざま

たいせつなことですから，もう一度書きますと

$$ax^2 + bx + c = 0 \qquad (6.16)と同じ$$

の根は

$$x = \frac{-b \pm \sqrt{b^2 - 4ac}}{2a} \qquad (6.19)と同じ$$

です．こうしてみると，2次方程式には根が2つあることがわかります．なにせ，分子の＋を採用したときと，－を採用したときとは別の値になるのですから……．たしかに

$$x^2 - 3x + 2 = 0 \qquad (6.12)と同じ$$

の根を，式(6.19)によって求めてみると

$$a = 1, \ b = -3, \ c = 2$$

ですから

$$x = \frac{3 \pm \sqrt{3^2 - 4 \times 1 \times 2}}{2} = \frac{3 \pm \sqrt{1}}{2} = \frac{3 \pm 1}{2}$$

分子の符号が+なら $x = 2$

分子の符号が-なら $x = 1$

であり，式(6.12)の根は2つあります．

けれども，たとえば

$$x^2 - 2x + 1 = 0 \tag{6.20}$$

の場合には奇妙なことが起こってしまい困惑するのです．2次方程式を解くための万能の式(6.19)を使って $2x$ の値を計算すると

$$x = \frac{2 \pm \sqrt{2^2 - 4 \times 1 \times 1}}{2} = \frac{2 \pm 0}{2}$$

となってしまい，+を採用しても x は1，-を採用しても x は1で，結局式(6.20)の根は $x = 1$ しかないのです．2次方程式のくせに，根が1つしかないのは怪しからんではないですか．なぜ，怪しからんことが起こったかというと，式(6.19)による計算中，$\sqrt{\ }$ の中がゼロになってしまい，せっかく+と-の場合があっても，ゼロを加えたり引いたりするのでは±がないも同然だからです．つまり，万能の式

$$x = \frac{-b \pm \sqrt{b^2 - 4ac}}{2a} \qquad \text{(6.19)と同じ}$$

のうち

$$b^2 - 4ac = 0 \tag{6.21}$$

であれば，2次方程式の根は

$$x = \frac{-b}{2a}$$

だけの，たった1つになってしまうという次第です．そこで，式(6.20)をふりかえってみると

$$x^2 - 2x + 1 = 0 \qquad (6.20)と同じ$$

の左辺を因数分解すれば

$$(x - 1)(x - 1) = 0$$

ですから，$x = 1$の1つしか根がないことに合点がいきます．いや，正確にいうと，$x = 1$の根は2つあるのですが，同じものなので区別がつかないのです．それで，こういう根を**重根**と名付けています．

2次方程式では，さらにもっと閉口するような場合に遭遇することも少なくありません．たとえば，もっとも単純できれいな2次方程式

$$x^2 + x + 1 = 0 \qquad (6.22)$$

の根を計算してみてください．

$$a = 1, \ b = 1, \ c = 1$$

ですから

$$x = \frac{-1 \pm \sqrt{1-4}}{2} = \frac{-1 \pm \sqrt{-3}}{2}$$

となります．分子に±があるので根が2つあり，何でもないようですが，これが何でもあるから一大事です．$\sqrt{-3}$というところにご注意ください．$\sqrt{4}$は2乗したら4になるような値，つまり，2であると同じように，$\sqrt{-3}$は，2乗したら-3になるような値であるはずです．しかし，私たちの常識では，＋の値を2乗すればもち

ろん+ですが，-の値を2乗しても+になってしまいます．2乗して-になるような値は私たちの常識から外れています．ですから，$\sqrt{-3}$ というような値は私たちの常識にはないし，したがって

$$\frac{-1 \pm \sqrt{-3}}{2}$$

という値は私たちの常識にはないのです．それでも頭の良い数学の先生方は，2乗したら-になるような数を観念的に創造し，それを**虚数**[*]と名付けているのですが，虚数はしょせん現実の数——**実数**——とは幽明境を異にした架空の数にすぎません．したがって

$$x^2 + x + 1 = 0 \qquad (6.22)と同じ$$

のような単純できれいな2次方程式は，実数の範囲では根がないのです．しいて言うならば，虚数の世界にしか根がないのです．このような根を**虚根**と呼んでいます．これに対して，実数で表わされる根を**実根**と呼ぶことは，言葉の対比上もきわめて自然でしょう．

ところで，式(6.22)のような単純できれいな2次方程式が，なぜ，実数の範囲では根を持てなくなったのでしょうか．それは，根を求めるための万能の式

$$x = \frac{-b \pm \sqrt{b^2 - 4ac}}{2a} \qquad (6.19)と同じ$$

を使っての計算の過程で，$b^2 - 4ac$ の値がマイナスになってしまったからです．つまり

$$b^2 - 4ac < 0 \qquad (6.23)$$

であれば，実根を持てないハメになってしまうのです．

---

[*] 虚数については，『関数のはなし(下)【改訂版】』の177ページおよび179ページ以降を参考にしてください．

Ⅵ 方程式を解く

ここまでのことを整理すると，2次方程式の根についておもしろいことが明白になってきました．すなわち

$$ax^2 + bx + c = 0 \qquad\qquad (6.16)と同じ$$

という2次方程式があるとき，この方程式には

$b^2 - 4ac > 0$　なら　2つの実根を持つ

$b^2 - 4ac = 0$　なら　1つの実根（重根）を持つ

$b^2 - 4ac < 0$　なら　実根は持たない

という性質が秘められているのです．$b^2 - 4ac$ は，2次方程式に秘められた性質を判別する力があるので，**判別式**と呼ばれています．

さて，この節で使った3つの2次式のうち

$$x^2 - 3x + 2 = 0 \qquad\qquad (6.12)と同じ$$

は，1と2の根を持ち

$$x^2 - 2x + 1 = 0 \qquad\qquad (6.20)と同じ$$

は，$x = 1$ だけがただ1つの根であり

$$x^2 + x + 1 = 0 \qquad\qquad (6.22)と同じ$$

は，実根を持ちません．そして，それは滅法に大きな相違のように思えるのですが，現象的にはいったいどう異なるのでしょうか．それを目で確かめるために

$$y = x^2 - 3x + 2 \qquad\qquad (6.24)$$

$$y = x^2 - 2x + 1 \qquad\qquad (6.25)$$

$$y = x^2 + x + 1 \qquad\qquad (6.26)$$

の3本の曲線を描いてみようと思います．

図6.4がその3本の曲線です．どれもチューリップ形の滑らかな曲線で，そっくり同じ形をしています．相違点といえば，僅かばかり位置がずれているにすぎません．ところが，この僅かな位置のず

図 6.4

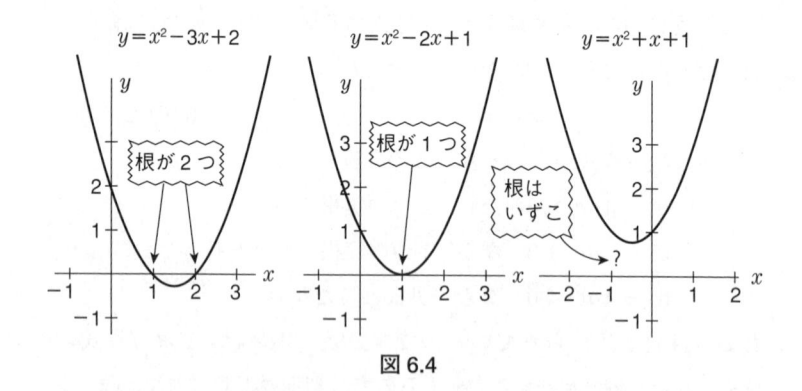

れが，根が2つもあったり，1つだけであったり，1つもなかったりする大きな差異を生み出しているのです．たとえば，図 6.4 のいちばん左の曲線を見てください．この曲線は

$$y = x^2 - 3x + 2 \tag{6.24}と同じ$$

を表わしたものです．そして，この曲線が x 軸と交わるところが2つあり，その位置では y がゼロになっていますから，ちょうどその位置が

$$x^2 - 3x + 2 = 0 \tag{6.12}と同じ$$

の根を表わしています．すなわち，式 (6.12) の根は2つある理屈になります．

これに対して，図 6.4 のまん中の曲線

$$y = x^2 - 2x + 1 \tag{6.25}と同じ$$

は，x 軸とただ一点で接触しているだけですから，y がゼロになるところは，ただの一箇所にすぎません．したがって

$$x^2 - 2x + 1 = 0 \tag{6.20}と同じ$$

の根は1つだけしかないわけです．さらに，図 6.4 の右の曲線

$$y = x^2 + x + 1 \qquad (6.26)と同じ$$

は，あいにくなことに，x 軸から上方に離れてしまい x 軸と交わらないので，つまり y がゼロになるところがないので

$$x^2 + x + 1 = 0 \qquad (6.22)と同じ$$

は実根を持たないのです*．

3次方程式にアタック

1次方程式は，148ページに書いたような手順を踏めば難なく確実に解くことができます．また，2次方程式

$$ax^2 + bx + c = 0 \qquad (6.16)と同じ$$

の根は

$$x = \frac{-b \pm \sqrt{b^2 - 4ac}}{2a} \qquad (6.19)と同じ$$

であることを知っていますから，根が実根であったり重根であったり虚根であったりすることはあるにしても，解くことは確実にできます．それでは，3次方程式はどうでしょうか．一例として

$$x^3 + 2x^2 + 2x + 1 = 0 \qquad (6.27)$$

を解いてみます．この式を睨みつけているだけではよい智恵は浮か

---

* 一般的な2次関数

$$y = ax^2 + bx + c$$

は，放物線を表わしています．そして，この放物線がチューリップ形をしているか山の形をしているか，谷底や山頂の y の値はいくらか，y 軸から右か左にどれだけずれているかなどは，a，b，c の値によって決まります．このあたりについては『関数のはなし(上)【改訂版】』に詳しく書いてあります．

びませんが，よくよく観察すると，xに-1を代入すれば等式が成立しそうだと気が付きます．なぜって，xに-1を代入すると，その2乗は$+1$，3乗は-1ですから，左辺第1項のx^3と第4項の1とが消し合い，第2項の$2x^2$と第3項の$2x$とが消し合って，左辺の総計がゼロになりそうだからです．試してみると確かにそのとおりです．つまり，左辺には$(x+1)$の因数が含まれているはずです．で，左辺を$(x+1)$で割って因数分解すると，式(6.27)は

$$(x+1)(x^2+x+1)=0$$

と変わります．この等式が成立するためには左辺の2つの（　）のうち1つがゼロになればじゅうぶんです．すなわち

$$x+1=0$$
$$x^2+x+1=0$$

のどれかが成立すればよく，$x+1=0$のためにはxが-1であり，また$x^2+x+1=0$の根は159ページの式(6.22)を解いて

$$x=\frac{-1\pm\sqrt{-3}}{2}$$

であることがわかっていますから，したがって

$$x^3+2x^2+2x+1=0 \qquad (6.27)と同じ$$

の解は

$$x=-1, \quad x=\frac{-1+\sqrt{-3}}{2}, \quad x=\frac{-1-\sqrt{-3}}{2}$$

であり，実根が1つ，虚根が2つ，合計3つの根があります．このように式(6.27)は3次方程式ですが，私たちは難なく解くことができました．

実は，私たちはずっと前に3次方程式をひとつ解いています．

VI 方程式を解く

50cm角のトタン板の四隅を$x$cmの正方形に切り落として折り曲げ，箱を作ってその容積を6000cm^{3}にするための方程式

$$4x^3 - 200x^2 + 2500x - 6000 = 0 \qquad (2.7)と同じ$$

をたて，これを解いたのです．まず，この式の両辺を4で割り

$$x^3 - 50x^2 + 625x - 1500 = 0$$

とし，因数分解すると

$$(x - 15)(x^2 - 35x + 100) = 0$$

となり，1番めの( )から，1つの根

$$x = 15$$

を知り，2番めの( )をゼロにするような

$$x = \frac{35 \pm \sqrt{35^2 - 4 \times 100}}{2} \fallingdotseq \frac{35 \pm 28.72}{2}$$

$$= 31.86 \quad および \quad 3.14$$

を求めています．36ページの例では，xが31.86cmにもなると50cm角のトタン板が完全に消滅してしまい，幻の箱になってしまうので，方程式の解のうち31.86は捨てて，15と3.14だけを答に採用したのですが，ともあれ，3次方程式は容易に解け，そして根は3つあったのでした．

式(6.27)と式(2.7)で表わされる3次方程式はいずれも容易に解けたのですが，3次方程式は，いつでもこのように容易に解けるのでしょうか．残念ながら，そうではありません．私たちが取扱ってきた3次方程式は，いずれも因数分解によって1次式と2次式の積に直すことができ，1次方程式と2次方程式とに分割して個別に解くことができたのですが，因数分解ができるということは，取りも直さず解の1つ以上が見つかったことを意味します．たとえば

$$x^3 + 2x^2 + 2x + 1 = 0 \qquad (6.27)と同じ$$

の左辺を因数分解して

$$(x + 1)(x^2 + x + 1) = 0$$

とできたのは，式(6.27)の根の1つが $x = -1$ であることを見破ったからにほかなりません．もしも根が1つも見つからなければ，因数分解をすることができず，3次方程式を丸ごと解かなければならないのです．2次方程式の場合には，たとえ因数分解ができなくても，2次方程式を丸ごと解くための万能の式

$$x = \frac{-b \pm \sqrt{b^2 - 4ac}}{2a} \qquad (6.19)と同じ$$

があるので，これを使えばいつでも確実に根を求めることができたのです．では，3次方程式の場合にも，いつでも確実に根を見つけるための方法があるのでしょうか．答は Yes です．

3次方程式を解く

3次方程式でも，いつでも確実に解く方法があると書きました．さっそくご紹介しましょう．一般的な3次方程式の形は

$$ax^3 + bx^2 + cx + d = 0 \qquad (6.28)$$

ですが，左辺を a でくくると

$$a\left(x^3 + \frac{b}{a}x^2 + \frac{c}{a}x + \frac{d}{a}\right) = 0 \qquad (6.29)$$

となります．この等式が成立するためには左辺がゼロでなければならず，そのためには，a がゼロか（　）の中がゼロでなければなりません．a がゼロであれば，式(6.28)の第1項が消滅してしまうので

3次方程式とはいえませんから，式(6.28)が成立するための必要でじゅうぶんな条件は

$$x^3 + \frac{b}{a}x^2 + \frac{c}{a}x + \frac{d}{a} = 0 \tag{6.30}$$

です．したがって，この式を解けば式(6.28)が解けたことになります．いいかえれば，一般的な3次方程式の解き方を吟味するためには，x^3の係数が1である場合，式(6.30)の解き方について調べればよいことになります．式(6.30)では係数がb/aとかc/aとかややこしいので，b/aをa，c/aをb，d/aをcと書き換えて

$$x^3 + ax^2 + bx + c = 0 \tag{6.31}$$

としようと思います．いうまでもないことですが，式(6.30)のb/aなども式(6.31)のaなども，ある定数を表わしているにすぎませんから，どのような文字に書き換えても差支えありません．

　前置きが長くなりましたが，式(6.31)について，3次方程式の解き方に話を進めてゆきましょう．まず，少しでもラクをするために，式(6.31)の項を減らしてやろうと思います．x^3の項を減らしたのでは3次式ではなくなってしまうので，x^2の項に狙いをつけます．未知数の2乗の項を消滅させるためには，新しい未知数yを登場させて

$$x = y - \frac{a}{3} \tag{6.32}$$

とすればよいはずです*．これを私たちの吟味の対象の3次方程式
$$x^3 + ax^2 + bx + c = 0 \tag{6.31}$$
と同じに代入すると

$$\left(y-\frac{a}{3}\right)^3 + a\left(y-\frac{a}{3}\right)^2 + b\left(y-\frac{a}{3}\right) + c$$

$$= y^3 - 3\frac{a}{3}y^2 + 3\left(\frac{a}{3}\right)^2 y - \left(\frac{a}{3}\right)^3 + ay^2 - 2a\frac{a}{3}y + a\left(\frac{a}{3}\right)^2$$

$$\quad + by - \frac{ab}{3} + c$$

$$= y^3 - ay^2 + \frac{a^2}{3}y - \frac{a^3}{27} + ay^2 - \frac{2a^2}{3}y + \frac{a^3}{9} + by - \frac{ab}{3} + c$$

$$= y^3 + \left(b - \frac{a^2}{3}\right)y + \frac{2a^3}{27} - \frac{ab}{3} + c = 0 \tag{6.33}$$

となり，未知数の2乗の項を消滅させることに成功しました．このままでは，ごみごみしているので定数を新しい文字に書き換えましょう．

$$b - \frac{a^2}{3} = p \tag{6.34}$$

$$\frac{2a^3}{27} - \frac{ab}{3} + c = q \tag{6.35}$$

---

* $x^3 + ax^2 + bx + c = 0$ の x に $x = y - a/3$ を代入してやれば，x^3 のところは

$$\left(y - \frac{a}{3}\right)^3 = y^3 - ay^2 + \cdots\cdots \tag{※}$$

となるし，ax^2 のところは

$$a\left(y - \frac{a}{3}\right)^2 = ay^2 - \cdots\cdots \tag{※※}$$

となって，式(※)の $-ay^2$ と式(※※)の ay^2 とが消し合い，y^2 の項が消滅するはずと見当をつけたのです．

とすれば，式(6.33)は

$$y^3 + py + q = 0 \tag{6.36}$$

とすっきりとした姿になります．そして，この形の式が解ければ，一般的な3次方程式も解けることうけあいです．式(6.34)と式(6.35)を使って元の文字に戻せばよいのですから．

さてつぎに，未知数 y を2つの未知数 u と v の和と考えます．

$$y = u + v \tag{6.37}$$

そして，これを式(6.36)に代入します．

$$(u+v)^3 + p(u+v) + q = 0$$

この式を展開して整理すると

$$\begin{aligned} & u^3 + 3u^2v + 3uv^2 + v^3 + p(u+v) + q \\ &= u^3 + v^3 + q + 3uv(u+v) + p(u+v) \\ &= u^3 + v^3 + q + (3uv+p)(u+v) = 0 \end{aligned} \tag{6.38}$$

となります．ここで，$(3uv+p)$ をゼロにして式を単純にするために

$$uv = -\frac{p}{3} \tag{6.39}$$

になるように u と v とを選ぶことにしましょう．u と v とはもともと未知数を式(6.37)のように2つに分けたものですし，分け方は私たちが勝手に決めてもよいので，式(6.39)になるように分けさせてもらおうというわけです．そうすると，式(6.38)は

$$u^3 + v^3 + q = 0$$

となるのですが，この式の q を右辺に移した式と式(6.39)の両辺を3乗した式とを並べてみましょう．

$$
\left.\begin{array}{l}
u^3 + v^3 = -q \quad (-u^3 - v^3 = q) \\
u^3 v^3 = -\dfrac{p^3}{27}
\end{array}\right\} \tag{6.40}
$$

この2つの式を見て，はっと気がついていただきたいのです．加えるとな·ん·と·かになり，掛け合わせるとか·ん·と·かになる……！ そうです．2次式の因数分解のところでなんべんも耳にした言いまわしです．つまり，またもや新しい未知数を登場させて

$$
t^2 + qt - \frac{p^3}{27} = 0 \tag{6.41}
$$

という2次方程式を考え，左辺を因数分解すると，加えると q になり，掛け合わせると $-p^3/27$ になるような値は式(6.40)によって $-u^3$ と $-v^3$ ですから

$$
t^2 + qt - \frac{p^3}{27} = (t - u^3)(t - v^3) = 0
$$

であるにちがいありません．すなわち，式(6.41)の2つの根は u^3 と v^3 であることがわかります．いっぽう，2次方程式を解くための万能の式(6.19)を応用すると，式(6.41)の2つの根は

$$
\frac{-q \pm \sqrt{q^2 + 4\dfrac{p^3}{27}}}{2} = -\frac{q}{2} \pm \sqrt{\frac{q^2}{4} + \frac{p^3}{27}}
$$

なのですから，これと u^3 および v^3 が等しいはずです．したがって

$$
\left.\begin{array}{l}
u^3 = -\dfrac{q}{2} + \sqrt{\dfrac{q^2}{4} + \dfrac{p^3}{27}} \\
v^3 = -\dfrac{q}{2} - \sqrt{\dfrac{q^2}{4} + \dfrac{p^3}{27}}
\end{array}\right\} \tag{6.42}
$$

Ⅵ　方程式を解く

であることがわかります．ここで
$$y = u + v \tag{6.37と同じ}$$
であったことを思い出すと
$$y = \sqrt[3]{-\frac{q}{2} + \sqrt{\frac{q^2}{4} + \frac{p^3}{27}}} + \sqrt[3]{-\frac{q}{2} - \sqrt{\frac{q^2}{4} + \frac{p^3}{27}}} \tag{6.43}$$
となり，やっとyが求まりました．そして

$$x = y - \frac{a}{3} \tag{6.32と同じ}$$

$$p = b - \frac{a^2}{3} \tag{6.34もどき}$$

$$q = \frac{2a^3}{27} - \frac{ab}{3} + c \tag{6.35もどき}$$

の関係によって，式(6.43)を計算し，xをa, b, cで表わすと，それが私たちの吟味の対象の
$$x^3 + ax^2 + bx + c = 0 \tag{6.31と同じ}$$
の解になるという次第です．いやー，ご苦労さまでした．

4次方程式までは解ける

　前節では，どのような3次方程式でも必ず解いてしまう万能の方法を，ものすごい苦労のすえに手に入れました．せっかくですからひとつだけ例をやってみましょう．くたびれないようにaもbもcも1として
$$x^3 + x^2 + x + 1 = 0 \tag{6.44}$$
を解いてみましょうか．aもbもcも1ですから

$$p = 1 - \frac{1}{3} = \frac{2}{3}$$

$$q = \frac{2}{27} - \frac{1}{3} + 1 = \frac{2 - 9 + 27}{27} = \frac{20}{27}$$

$$y = \sqrt[3]{-\frac{10}{27} + \sqrt{\frac{1}{4}\frac{400}{729} + \frac{1}{27}\frac{8}{27}}} + \sqrt[3]{-\frac{10}{27} - \sqrt{\frac{1}{4}\frac{400}{729} + \frac{1}{27}\frac{8}{27}}}$$

$$= \sqrt[3]{-\frac{10}{27} + \sqrt{\frac{108}{729}}} + \sqrt[3]{-\frac{10}{27} - \sqrt{\frac{108}{729}}}$$

$$= \sqrt[3]{\frac{-10 + \sqrt{108}}{27}} + \sqrt[3]{\frac{-10 - \sqrt{108}}{27}}$$

$$= \frac{1}{3}(\sqrt[3]{-10 + \sqrt{108}} + \sqrt[3]{-10 - \sqrt{108}})$$

これを電卓を使ったり,対数の好きな方なら対数表を使ったりして計算すると

$$y \doteqdot \frac{1}{3}(0.732 - 2.732) = -\frac{2}{3}$$

となりますから,これと,$a = 1$ を

$$x = y - \frac{a}{3} \qquad\qquad (6.32)と同じ$$

に入れると

$$x = -\frac{2}{3} - \frac{1}{3} = -1$$

となって,x を求めることができました.たしかに,問題の
$$x^3 + x^2 + x + 1 = 0 \qquad\qquad (6.44)と同じ$$
の x に -1 を代入してみると左辺はゼロとなって等式が成立しま

すから，－1 が x の根であることに相違はありません．

ところで，式(6.44)の根が見つかり，$(x + 1)$ が因数の1つであることがわかったので，その因数をくくり出してみると

$$(x + 1)(x^2 + 1) = 0$$

となります．この式を見てください．$x^2 + 1$ がゼロでも等式は成立しますから

$$x^2 + 1 = 0 \tag{6.45}$$

を成立させるような x も式(6.44)の根であるはずです．この式が成立するような x はどのような値でしょうか．2次方程式の根を求めるための万能の式(6.19)の a には1，b にはゼロ，c には1を代入してみると

$$x = \frac{\pm\sqrt{-4}}{2} = \frac{\pm 2\sqrt{-1}}{2} = \pm\sqrt{-1}$$

となります．$\sqrt{-1}$ は，2乗すると -1 になるような怪しからん値で，つまり，虚数なのですが，ふつう $\sqrt{-1}$ を i と書き表わしますから

$$x = \pm i$$

ということになります．したがって

$$x^3 + x^2 + x + 1 = 0 \qquad (6.44)\text{と同じ}$$

の根は，$x = -1$ のほかに $x = i$，$x = -i$ があり，合計3つの根があったのです．

私たちは，一般的な3次方程式の解をいつでも確実に求めることのできる方法を数ページを費やして調べてきたのでした．

$$x^3 + ax^2 + bx + c = 0 \qquad (6.31)\text{と同じ}$$

の x に $y - a/3$ を代入して

$$y^3 + py + q = 0 \qquad \text{(6.36)と同じ}$$

の形に直し，$y = u + v$ とおいて

$$y = \sqrt[3]{u^3} + \sqrt[3]{v^3}$$

$$= \sqrt[3]{-\frac{q}{2} + \sqrt{\frac{q^2}{4} + \frac{p^3}{27}}} + \sqrt[3]{-\frac{q}{2} - \sqrt{\frac{q^2}{4} + \frac{p^3}{27}}}$$

(6.43)と同じ

の形で y を求める公式に到達したのでした．あとは，p と q を a, b, c で表わすための式(6.34)と式(6.35)，そして，x を y と a で表わすための式(6.32)によって，x を a, b, c で表わすことができるという寸法だったのです．けれども，例題をやってみたところ，この方法では3つもある根のうち，たった1つが見つかったにすぎません．ものすごく苦労した割には効果の少ない公式ではないかと謗られそうです．けれども，実はこの公式によって3つの根を求める方法が，ちゃんとあります．その説明はこの本のレベルを越えるので，ここでは省略して巻末の付録240ページに載せておきますが，とにかく3次方程式は，数ページを費やして紹介したやり方で必ず解くことができるのです．

では，4次方程式はどうでしょうか．いつでも必ず解く方法があるのでしょうか．結論を先に申し上げると，あります．どのような4次方程式でも解いてしまう方法がわかっています．その方法は……．もう勘弁してくれ，とおっしゃる方も多いことでしょう．3次方程式を解く方法でさえ，数ページを費やして，やっさもっさです．4次方程式などもう結構，というのが本音だと思いますし，確かに4次方程式を解く方法は，3次方程式の場合よりもっとめんどうなので，省略しようと思います．

Ⅵ 方程式を解く

3次方程式や4次方程式は，手続きのめんどうさを厭わなければ必ず解くことができます．しかし，5次方程式になると事情が一変します．どのような5次方程式でも必ず解く方法があるかというと，これはありません．正確にいうと代数的な演算（＋，－，×，÷，$\sqrt{\ }$）によって5次方程式を必ず解く方法はないのです．ないことが証明されているのですから念のいった話です．6次方程式以上ではなおさらのことです．

分数式を解く

この章は，式の計算の一般的なルールからスタートし，1次方程式を解く手順，2次方程式を解くための万能の式，どんな3次方程式でも必ず解いてみせる方法，4次方程式までは必ず解けるけれども，5次方程式以上になると代数的な計算だけでは解けるとは限らない話へと進んできました．つづいて，分数方程式と無理方程式の解き方に進むことにします．

まず，分数式を含む方程式，つまり，分数方程式の一例として

$$\frac{2}{x+3} = -x \tag{6.46}$$

を解いてみましょう．まず，右辺をぜんぶ左辺に移します．

$$\frac{2}{x+3} + x = 0$$

そして，1つの分数式にまとめてしまいます．

$$\frac{2}{x+3} + \frac{x^2+3x}{x+3} = 0$$

$$\therefore \quad \frac{x^2+3x+2}{x+3} = 0 \tag{6.47}$$

この式が数学的に意味を持つためには，xが-3であってはいけません．xが-3であると左辺の分母がゼロになり，116ページにも書いたように，ゼロで割るとしっちゃかめっちゃかになって，数学的には無意味だからです．そして，式(6.47)が成立するためには，分子がゼロであることが必要で，かつ，じゅうぶんな条件です．すなわち，式(6.47)つまり式(6.46)の解は

$$x^2 + 3x + 2 = 0 \tag{6.48}$$

を解けば求まるわけです．この式は簡単に因数分解できて

$$(x + 2)(x + 1) = 0$$

ですから，$x = -2$と$x = -1$とがこの式の解です．そして，xが-3であってはならないという条件にも抵触していません．したがって

$$\frac{2}{x+3} = -x \qquad \text{(6.46)と同じ}$$

の解は

$$x = -2 \quad \text{と} \quad x = -1 \tag{6.49}$$

とであることがわかりました．検算をしてみてください．ちゃんと合っていますから……．

このように，分数式を解くには，両辺のすべての項を左辺に移し，分母を共通にして1つの分数式にまとめ，分子＝0を解けば答が求まる仕掛けになっています．ただし，その答えが分母をゼロにするような値であってはならないことに，じゅうぶん注意してください．注意を必要とする見本を1つだけお目にかけましょうか．

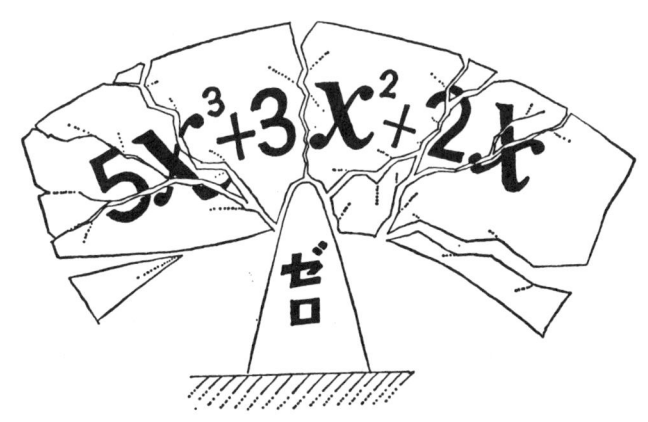

ゼロで割るとめちゃくちゃになる．
分数式のとき，とくに注意．

$$\frac{1}{x-1}+\frac{2}{x+2}=\frac{1}{x^2-1} \tag{6.50}$$

を手順に従って解いてゆきます．まず，すべての項を左辺に集め

$$\frac{1}{x-1}+\frac{2}{x+2}-\frac{1}{x^2-1}=0$$

とし，分母を共通にして整理します．そうすると

$$\frac{(x+2)(x^2-1)+2(x-1)(x^2-1)-(x-1)(x+2)}{(x-1)(x+2)(x^2-1)}$$

$$=\frac{x^3-x+2x^2-2+2x^3-2x-2x^2+2-x^2-x+2}{(x-1)(x+2)(x^2-1)}$$

$$=\frac{3x^3-x^2-4x+2}{(x-1)(x+2)(x^2-1)}=0 \tag{6.51}$$

となりますから，この分子をゼロとおいて

$$3x^3 - x^2 - 4x + 2 = 0 \tag{6.52}$$

を解けば，式(6.50)の答が求まることになります．この式の左辺はうまいぐあいに因数分解できて

$$(x - 1)(3x^2 + 2x - 2) = 0$$

となります．この式の解は，1番めの( )から

$$x = 1$$

が得られるほか，2番めの( )の中がゼロになると考えて，2次方程式を解く万能の式を適用すれば

$$x = \frac{-2 \pm \sqrt{4 + 4 \times 3 \times 2}}{6} = \frac{-2 \pm \sqrt{28}}{6} = \frac{-1 \pm \sqrt{7}}{3}$$

も，また解であることが発見されます．で，私たちの

$$\frac{1}{x-1} + \frac{2}{x+2} = \frac{1}{x^2-1} \qquad (6.50)と同じ$$

の根は

$$x = 1, \quad x = \frac{-1+\sqrt{7}}{3}, \quad x = \frac{-1-\sqrt{7}}{3}$$

の3つ……とやると，これが間違いなのですから，要注意です．なぜ間違いかというと，$x = 1$ であると問題の式(6.50)の左辺第1項の分母がゼロになってしまうではありませんか．そのうえ，計算の途中に現われた式(6.51)の分母さえもゼロになってしまうので，しっちゃかめっちゃかです．したがって，私たちの答は，$x = 1$を除いて

$$x = \frac{-1+\sqrt{7}}{3} \quad と \quad x = \frac{-1-\sqrt{7}}{3} \tag{6.53}$$

の2つだけ，とするのが正解です．

無理方程式を解く

つぎは，無理方程式です．未知数が$\sqrt{}$の中に囲われた式を無理式ということは57ページに書いたとおりですが，無理式を含む方程式は無理方程式と呼ばれます．その無理方程式を解く手順を，この節では追跡してみようと思います．

まず，例題から始めましょう．

$$\sqrt{2x} - 1 = \sqrt{x-1} \tag{6.54}$$

は，未知数xを含む項が$\sqrt{}$の中に囲われているので，無理方程式です．これを解くには，つぎのような手順を踏みます．第一に$\sqrt{}$の項と$\sqrt{}$を含まない項とを左辺と右辺に分離してください．むりに分離しなくてもよいのですが，一般に，分離するのが解を得るための早道だからです．

$$\sqrt{2x} - \sqrt{x-1} = 1$$

そして，両辺を2乗します．

$$2x - 2\sqrt{2x}\sqrt{x-1} + (x-1) = 1$$

まだ$\sqrt{}$の項が残っていますから，もう一度，左辺と右辺に分離しましょう．

$$2x + x - 1 - 1 = 2\sqrt{2x}\sqrt{x-1}$$

$$\therefore\ 3x - 2 = 2\sqrt{2x}\sqrt{x-1}$$

再び，両辺を2乗します．

$$9x^2 - 12x + 4 = 4 \times 2x(x-1)$$

$$\therefore\ 9x^2 - 12x + 4 = 8x^2 - 8x$$

すべての項を左辺にまとめます．

$$x^2 - 4x + 4 = 0 \tag{6.55}$$

この式を因数分解して解くと

$$(x - 2)^2 = 0$$

$$\therefore \quad x = 2 \tag{6.56}$$

となって，たいした苦労もなしに，式(6.54)の解が見つかりました．念のために$x = 2$を問題の式(6.54)に代入して検算してみると

左辺 $= \sqrt{2 \times 2} - 1 = \sqrt{4} - 1 = 2 - 1 = 1$

右辺 $= \sqrt{2-1} = \sqrt{1} = 1$

であって，両辺が等しく確かに正解であることが確認できます．このように$\sqrt{}$の項は2乗し，$\sqrt[3]{}$の項は3乗するなどして，$\sqrt{}$を取り除いてやれば，あとはふつうの何次かの方程式を解くだけですから，無理方程式の解法などなんの造作もいりません．

と思いきや，無理方程式には奇妙な陥し穴が潜んでいるときがあります．式(6.54)の右辺を$\sqrt{x-1}$から$\sqrt{x+1}$に変えた方程式

$$\sqrt{2x} - 1 = \sqrt{x+1} \tag{6.57}$$

を解いてみましょう．手順どおりに運んでゆきます．

移項して $\quad \sqrt{2x} - \sqrt{x+1} = 1$

2乗すると $\quad 2x - 2\sqrt{2x}\sqrt{x+1} + x + 1 = 1$

移項して $\quad 2x + x + 1 - 1 = 2\sqrt{2x}\sqrt{x+1}$

整理して $\quad 3x = 2\sqrt{2x}\sqrt{x+1}$

2乗すると $\quad 9x^2 = 4 \times 2x(x+1)$

$\therefore \quad 9x^2 = 8x^2 + 8x$

整理すると $\quad x^2 - 8x = 0$

因数分解して $\quad x(x - 8) = 0$

したがって，根は $\quad \begin{cases} x = 0 \\ x = 8 \end{cases} \tag{6.58}$

VI 方程式を解く

無理方程式を解くと
偽の根がとび出すことがあり．
要注意!!

快調に2つの根が見つかりました．間違いないかと検算してみましょう．まず，問題の式(6.57)の x にゼロを代入します．

左辺 $=\sqrt{2\times 0} - 1 = -1$
右辺 $=\sqrt{0+1} = \sqrt{1} = 1$

左辺と右辺とが等しくないではありませんか．計算間違いをしているのかな，と式(6.57)から答の式(6.58)にいたる計算過程をもういちどチェックしても間違いは発見できません．どうしたことでしょうか．

いっぽう，もうひとつの根 $x = 8$ を問題の式(6.57)に代入してみると

左辺 $=\sqrt{2\times 8} - 1 = \sqrt{16} - 1 = 4 - 1 = 3$
右辺 $=\sqrt{8+1} = \sqrt{9} = 3$

となって両辺がぴったりこんですから，$x = 8$ は間違いなく式(6.57)の根です．

私たちが求めた2つの根のうち $x = 8$ は正真正銘の根でしたが，他方の $x = 0$ は，計算上は根のように見えながら実は根ではありませんでした．このような偽の根を**無縁根**などと呼んでいます．無理方程式を解くと，ちょくちょくこのような無縁根が現われて人をたぶらかすのです．したがって，無理方程式を解くときには，必ず求めた根を問題の方程式に代入して検算し，正しい根だけを答として採用する必要があります．

　けれども，なぜ無縁根などがひょっこり現われるのでしょうか．その理由は簡単にいうとつぎのとおりです．いま

$$A = B$$

という等式があるとします．両辺を2乗すると

$$A^2 = B^2$$

ですが，この式は

$$A = B \quad と \quad A = -B$$

のいずれの場合でも成立します．つまり，$A = B$ の両辺を2乗したとたんに，$A = B$ のほかに $A = -B$ の根が紛れ込んでしまうのです．無理方程式を解くときには $\sqrt{}$ を取り去る必要上，2乗するという繰作をしなければなりませんが，このときに無縁根を生ずる種が紛れ込んでしまうのです．

Ⅶ 連立方程式を解く

方程式はいくつ必要か

 過ぎたるは，なお及ばざるが如し，と言われます．孔子が弟子の子張と子夏とを比較して言った言葉だそうです．積極的過ぎる子張は，過ぎるが故に，消極的な子夏と同程度にしか評価できないというのです．なにごとも過不足なくぴったりがよいのでしょう．そういえば，英語でも Too much water drowned the miller（水が多すぎると製粉業者が溺れる）という諺があるそうです．水が少なすぎれば製粉業者は仕事になりませんが，溺れるほど大量の水が流れても一大事です．まさに，過ぎたるはなお及ばざるが如し，です．

 未知数の値を求めるための方程式の場合でも同様なことがいえます．たとえば，前の章で

$$5x - 3 = 2x + 6 \qquad (6.10)と同じ$$

を解いて，この方程式が恒等式として成立するための条件

$$x = 3$$

を求めました. また

$$x^2 - 3x + 2 = 0 \qquad (6.12)と同じ$$

を解いて

$$x = 1 \quad または \quad 2$$

を求めたりもしました. いずれにせよ, 1つの未知数の値を求めるには, 1つの方程式が必要であり, またそれでじゅうぶんなのです. 過不足なくぴったりです.

これに対して

$$y - 3 = x^2 + 1 \qquad (7.1)$$

というように, 1つの方程式の中に2つの未知数 x と y が含まれている場合はどうでしょうか. この場合には, 移項して式を整理したり, 因数分解したり, あれやこれやとくふうをしても, この式が成立するための x と y の値を求めることはできません. いや,'値を求めることはできません'は間違いでした. いくらでも求まるのです. 求まりすぎるから困るのです. たとえば

$$y = 4 \quad で \quad x = 0$$
$$y = 4.25 \quad で \quad x = 0.5 \quad または \quad -0.5$$
$$y = 5 \quad で \quad x = 1 \quad または \quad -1$$

et cetera

など, いくらでも式(7.1)が成立するための y の値と x の値の組合せが見つかるのです. それもそのはず, 式(7.1)を整理してみれば

$$y = x^2 + 4 \qquad (7.2)$$

となりますから, この等式が成立するような y と x との関係は, すべて式(7.1)を成立させてしまうはずです. これでは, 式(7.1)を成立するような未知数の値を決めることができなくて, 困るではあ

りませんか.

48ページに,方程式が成立するための条件を求めることを**方程式を解く**というと書きました.そういう意味では

$$y - 3 = x^2 + 1 \qquad (7.1) と同じ$$

が成立するための条件は

$$y = x^2 + 4 \qquad (7.2) と同じ$$

ですから,式(7.1)を解くと式(7.2)になると言えないことはありません.実際に,式(7.1)に相当する元の式が非常に複雑な姿をしていて,それを整理して得た式(7.2)に相当する「成立するための条件」が比較的すっきりした形であるとき,式(7.1)相当を解くと式(7.2)相当になるということも珍しくありません.けれども,一般には,方程式が成立するための未知数間の関係を求めることではなく,方程式が成立するための未知数の値をずばりと決めてやることを方程式を解くというのがふつうです.そういう意味では

$$y - 3 = x^2 + 1 \qquad (7.1) と同じ$$

は解けないのです.この等式が成立するような x と y の値をずばりと決めてやることができないからです.

では,未知数が2つあるとき,いくつ方程式があれば未知数の値がずばりと決まるのでしょうか.1つの未知数を求めるには1つの方程式が必要で,かつ,じゅうぶんだったのですから,きっと2つの未知数の値を決めるのには2つの方程式が必要で,かつ,じゅうぶんであるにちがいありません.

連立方程式を解く

2つの未知数の値を決めるには2つの方程式が必要で、かつ、じゅうぶんと予想をたてたのですが、この予想が正しいかどうか実践的に調べてみようと思います。まず、未知数が x と y の2つであるとして

$$\begin{cases} x + y = 1 \\ x - y = 3 \end{cases} \qquad (7.3)$$

の連立方程式を解いてみます。連立方程式を解くには、まず式を1つぎせいにして未知数を1つ減らし、残った1つの方程式で1つの未知数の値を決めるのですが、その手順には2種類あります。

〔その1〕 式(7.3)の1番めの方程式から

$y = 1 - x$

これを2番めの方程式に代入すると

$x - (1 - x) = 3$

整理すると

$2x - 1 = 3$
$2x = 4$
$\therefore \quad x = 2$

これを1番め(2番めでもよい)の方程式に代入すると

$2 + y = 1$
$\therefore \quad y = -1$

となり

$$\begin{cases} x = 2 \\ y = -1 \end{cases}$$

Ⅶ　連立方程式を解く

が求まります．

〔その2〕　式(7.3)の2つの式を並べて，1番めの左辺には2番めの式の左辺を，1番めの式の右辺には2番めの式の右辺を加えます．等式の両辺に同じものを加えても等式は成立するし，2番めの式の左辺と右辺とは等しいから，こういうことができるのです．こうしてやれば，1番めの式の y と2番めの式の $-y$ とが互いに消しあって y が消え，未知数としては x だけが残るにちがいありません．

$$
\begin{array}{r}
x + y = 1 \\
+\quad x - y = 3 \\
\hline
2x = 4
\end{array}
\quad \therefore \quad x = 2
$$

となって，もくろみどおり x を求めることができました．つぎに，同じ手口で x を消して y を求めましょう．1番めの式から2番めの式を引けば

$$
\begin{array}{r}
x + y = 1 \\
-\quad x - y = 3 \\
\hline
2y = -2
\end{array}
\quad \therefore \quad y = -1
$$

うまくいきました．こうして連立方程式(7.3)の解

$$
\begin{cases}
x = 2 \\
y = -1
\end{cases}
$$

が求まります．

いずれの方法でも，2つの方程式を使うことで2つの未知数の値を決めることができました．

なお〔その2〕のやり方は，一見とてもスマートです．2つの方程式の左辺は左辺どうし，右辺は右辺どうし加えることを数字の本では「辺々あい加える」と気どっていい，両辺どうし引き算をする

ことを「辺々あい減ずる」などと書いてありますが，辺々あい加えたり，辺々あい減じたりすると一挙に未知数の値が求まってしまうのですから，ほんとに効果的です．けれども，

$$\begin{cases} 2x + 3y = 11 \\ 3x + 2y = 9 \end{cases} \qquad (7.4)$$

のように，上の式と下の式とで x と y の係数が異なるとこんなうまいぐあいにいきません．辺々あい加えようと，あい減じようと，x も y も消えてくれません．でも，心配無用です．y を消すには，上の式を2倍，下の式を3倍して，辺々あい減ずればよいのです．つまり

$$\begin{array}{rl} \text{上の式を2倍} & 4x + 6y = 22 \\ \text{下の式を3倍} \quad - & 9x + 6y = 27 \\ \hline & -5x = -5 \qquad \therefore \quad x = 1 \end{array}$$

このように，消してしまいたい未知数が等しくなるように，上の式と下の式を適当に何倍かしてやるのがコツですから，y を求めるには上の式を3倍，下の式を2倍して辺々あい減ずればよく

$$\begin{array}{r} 6x + 9y = 33 \\ - \quad 6x + 4y = 18 \\ \hline 5y = 15 \qquad \therefore \quad y = 3 \end{array}$$

となるので，やっぱりこの方法はスマートです．

未知数と同数の方程式を

未知数が1つなら1つの方程式で，また，未知数が2つなら2つの方程式で未知数の値を求めることができました．その計算の過程

を反芻してみれば，なるほど1つの方程式をぎせいにするごとに1つの未知数を減らしたり値を求めたりしていることがわかります．そうであれば，すべての未知数の値を求めるには未知数の数と同じだけの方程式が必要で，そして，それだけの方程式でじゅうぶんであるにちがいありません．念のために，未知数が x, y, z の3つであるとして，3つの方程式を並べた連立方程式を使って未知数の値を求めてみましょう．計算のしかたは2つの方程式から2つの未知数の値を求めたときの拡張です．

$$\begin{cases} x + y + z = 6 & \text{①} \\ x + 2y + 3z = 10 & \text{②} \\ x - y + 2z = 3 & \text{③} \end{cases} \quad (7.5)$$

まず，②から①を引きます．

$$y + 2z = 4 \qquad \text{④}$$

同時に，②から③も引いておきます．

$$3y + z = 7 \qquad \text{⑤}$$

つづいて，④×3から⑤を引きます．つまり，④の両辺を3倍しておいて，それから⑤の両辺を引くのです．

$$\begin{array}{r} 3y + 6z = 12 \\ -\underline{3y + z = 7} \\ 5z = 5 \quad \therefore \quad z = 1 \end{array}$$

z の値が1と決まりましたから，これを④に入れると

$$y + 2 = 4 \qquad \therefore \quad y = 2$$

$z = 1$ と $y = 2$ とを①に代入すると

$$x + 2 + 1 = 6 \qquad \therefore \quad x = 3$$

となって，3つの未知数 x, y, z の値がすべて求まりました．

$$\begin{cases} x = 3 \\ y = 2 \\ z = 1 \end{cases}$$

これが式(7.5)の解です.

3つも未知数がある連立方程式も,方程式が3つあれば,なんの苦もなくさらさらと解くことができました.けれども,連立方程式などちょろいものだとなめてかかるのは禁物です.いままでの例はすべて1次方程式であったから,たいした手数をかけずに解くことができたのですが,2次方程式以上が含まれると,連立方程式を解く手数が非常に煩雑になることが少なくありません.152ページのあたりでも

$$\begin{cases} \alpha + \beta = A \\ \alpha\beta = B \end{cases}$$

という一見やさしそうな連立方程式を解いて α と β とを求めようとし,上の式から β を求めて下の式に代入してみると

$$\alpha(A - \alpha) = B$$
$$\therefore \quad \alpha^2 - A\alpha + B = 0$$

となって思わぬ苦労をしたことがありましたが,似たような例として

$$\begin{cases} x^2 + y^2 = 5 \\ xy = 2 \end{cases} \tag{7.6}$$

を解いてみましょうか.

まず,下の式から y を求め,これを上の式に代入します.

$$x^2 + \left(\frac{2}{x}\right)^2 = 5$$

VII 連立方程式を解く

右辺の 5 を左辺に移項すると

$$x^2 - 5 + \frac{4}{x^2} = 0$$

となります．これは分数式ですから，分数式を解くときの手順どおりに分母を共通にして整理します．

$$\frac{x^4 - 5x^2 + 4}{x^2} = 0$$

この等式が成立するためには左辺の分子がゼロでなければなりませんから

$$x^4 - 5x^2 + 4 = 0 \tag{7.7}$$

であり，これを解けば x の値が求まることになります．さあ，4 次方程式が現われてしまいました．前章で，3 次方程式を解くのさえこの本のレベルにあるまじき苦労を強いられたのに，4 次方程式とはなにごとでしょうか．だから，2 次方程式以上が含まれる連立方程式をなめてかかるのは禁物だと申し上げたのです．

もっとも，いまの例に限っていえば，4 次方程式 (7.7) を解くのはさしてむずかしくありません．

$$x^2 = p$$

とおいてみると

$$p^2 - 5p + 4 = 0$$

となり，p についての 2 次方程式にしかすぎないからです．左辺を因数分解すると

$$(p - 1)(p - 4) = 0$$

ですから

$$p = 1 \quad \text{および} \quad p = 4$$

であることがわかります．そして，$x^2 = p$ でしたから

$$x^2 = 1 \quad \text{および} \quad x^2 = 4$$

と書き直すことができ，したがって

$$x = \pm 1 \quad \text{および} \quad x = \pm 2$$

が見つかります．そこで問題の式(7.6)に立ちかえり

$$xy = 2$$

の関係から y を求めると

$$x = 1 \quad \text{なら} \quad y = 2$$
$$x = -1 \quad \text{なら} \quad y = -2$$
$$x = 2 \quad \text{なら} \quad y = 1$$
$$x = -2 \quad \text{なら} \quad y = -1$$

であることがわかりますから，問題の式(7.6)に対する答は

$$\begin{cases} x = 1 \\ y = 2 \end{cases} \begin{cases} x = -1 \\ y = -2 \end{cases} \begin{cases} x = 2 \\ y = 1 \end{cases} \begin{cases} x = -2 \\ y = -1 \end{cases}$$

の4つであり，2次方程式が並んだ連立方程式としては比較的らくに解を求めることができました．

方程式がたりないと不定

話があっちこっちして恐縮ですが，この章の最初のほうで

$$y - 3 = x^2 + 1 \qquad\qquad (7.1)と同じ$$

を解くと

$$y = x^2 + 4 \qquad\qquad (7.2)と同じ$$

という y と x の関係が求まるだけであり

$$y = 4 \quad \text{なら} \quad x = 0$$

Ⅶ　連立方程式を解く

$y = 4.25$　　なら　$x = 0.5$　または　-0.5

$y = 5$　　　　なら　$x = 1$　　または　-1

et cetera

など，式(7.1)を満足するようなxの値とyの値の組合せが無数に存在し，式(7.1)だけでは未知数の値を決めることができないと書いてあったのを思い出してください．こういうとき，方程式(7.1)は**不定**であるといいます．未知数の値が定まらないからです．

もうひとつの例として，未知数が3つで方程式も3つの連立方程式の例に使った式(7.5)のうち，上の2つの方程式を並べて連立方程式とした場合を調べてみましょう．未知数の数より方程式の数が少ないと，どういうことになるかを調べてゆきたいからです．

$$\begin{cases} x + y + z = 6 & ① \\ x + 2y + 3z = 10 & ② \end{cases} \quad (7.8)$$

まず，xを消去するために②-①としてみると

$$y + 2z = 4 \quad\quad ③$$

となって，yとzとの関係が求まりますが，これだけでは未知数の値が求まりません．つぎに，①×2-②を計算してyを消すと

$$\begin{array}{r} 2x + 2y + 2z = 12 \\ -x + 2y + 3z = 10 \\ \hline x \phantom{{}+2y} - z = 2 \quad ④ \end{array}$$

ですから，xとzとの関係式が求まっただけです．さらに，つづいて①×3-②とすれば

$$\begin{array}{r} 3x + 3y + 3z = 18 \\ -x + 2y + 3z = 10 \\ \hline 2x + y \phantom{{}+3z} = 8 \quad ⑤ \end{array}$$

となり，xとyとの関係が求まります．yとz，xとz，xとyの関係がすべて見つかったのですから，x, y, zの相互関係はぜんぶわかったのですが，まだx, y, zの値は決まりません．けれども，もともと2つしか方程式がなかった式(7.8)から，私たちは3つの方程式③，④，⑤を作り出すことに成功しています．この3つを連立方程式として解けば，x, y, zの値が決まるにちがいありません．と思って

$$\left\{\begin{array}{ll} y+2z=4 & ③ \\ x\quad -z=2 & ④ \\ 2x+y+\quad =8 & ⑤ \end{array}\right. \quad (7.9)$$

を解いてみると，意外なことが起こります．

まず，③と④とでzを消去しましょう．③+④×2です．すると

$$\begin{array}{r} y+2z=4 \\ +\quad 2x\quad -2z=4 \\ \hline 2x+y\quad =8 \quad ⑥ \end{array}$$

となりますから，この式と⑤とでyを消去すればxの1元1次方程式ができ，それを解けばxの値が決まるはず……と思い，この式を⑤と並べて書くと

$$\left\{\begin{array}{ll} 2x+y=8 & ⑤ \\ 2x+y=8 & ⑥ \end{array}\right.$$

あらまあ……2つの式を並べて書いたつもりなのに，これでは1つの式しか存在しないのと同じではありませんか．これでは，xもyも値を決めることができず，不定です．

それではというので，こんどは④と⑤からxを消すと③と同じ式になってしまうし，最後の望みをかけて③と⑤からyを消してみ

ると④になってしまい, 処置なしです. つまり, 式(7.9)は3つの式があるように見えながら, 実は2つの式しかないのと同じです.

このように, あれやこれやとく̇ふ̇うしてみても, 3つの未知数に対して2つの方程式しか準備されていない式(7.8)からは, しょせん x, y, z の値は決めることができません. けれども, 式(7.8)を満足するような値がないかというと, そうではなく, 式(7.8)を満足するような x, y, z の組合せは, 無数にあるのです. それを求めるには, ④の x に好きな値を入れて z の値を求め, それを③に入れて y を求めればよいのですから簡単です. 表7.1にも一部の例を書いておきましたが, なるほど式(7.8)は不定です.

このように, 未知数の数よりも方程式の数が少ないと, 原則としてその連立方程式は**不定**となり, 未知数の値を決めることはできません. ただし, '原則として' と書いたように, いくつかの例外もあります. 例外の1つのタイプとして95ページの式(4.31)を思い出してください.

表7.1

x	y	z
-1	10	-3
0	8	-2
1	6	-1
2	4	0
3	2	1
4	0	2
5	-2	3

$\begin{cases} x + y + z = 6 \\ x + 2y + 3z = 10 \end{cases}$ は不定

$$\left\{ \begin{aligned} \frac{g}{c} &= 10 \\ \frac{g}{h} &= 15 \\ x &= \frac{g}{c+h} \end{aligned} \right. \qquad (4.31)と同じ$$

c：牛が1日で食べる草の量

h：馬が1日で食べる草の量

g：草の量

x：牛と馬とで食べつくす日数

この式の場合には，未知数が c, h, g, x と4つもあり，方程式が3つしかないのに連立方程式が解けて

$$x = 6$$

が求まったのでした．なぜ，こうもうまくいくのかと調べてみることにしましょう．

式(4.31)の1番めの式の両辺を2番めの式の両辺で割ると

$$\frac{g/c}{g/h} = \frac{10}{15}$$

$$\therefore \quad \frac{h}{c} = \frac{2}{3} \quad \text{つまり} \quad c:h = 3:2$$

いっぽう，1番めの式から

$$c:g = 1:10 = 3:30$$

ですから，これと $c:h = 3:2$ とから

$$c:h:g = 3:2:30 \tag{7.10}$$

であることがわかります．ここまでは，式(4.31)のうち2つの式を使って3つの未知数どうしの関係を求めたのであり，ちょうど前ページの表が2つの方程式を使って3つの未知数どうしの関係を求めた結果の一部であったようなものですから，べつに不思議はありません．

問題はこのつぎです．式(4.31)の3番めの式

$$x = \frac{g}{c+h}$$

を見てください．x の値は c と h と g の比だけで決まります．その証拠に，c と h と g をいっせいに n 倍しても

$$x = \frac{ng}{nc+nh} = \frac{g}{c+h}$$

となって x の値は変わらないではありませんか．ところが，私たちはすでに

$$c : h : g = 3 : 2 : 30 \qquad (7.10) と同じ$$

であることを知っていますから

$$x = \frac{30}{3+2} = 6$$

となって，x の値が決まってしまうのです．すなわち他の未知数の比が求まっていて，x の値がそれらの比だけで決まるというところが連立方程式(4.31)のミソであり，このミソのおかげで，未知数の数より方程式の数が少ないにもかかわらず，1つの未知数 x についてだけは値を求めることができたのです．かりに，x が

$$x = \frac{g}{c} + h$$

というような，c と h と g の比だけでは決まらない形をしているとすれば，x はこんりんざい1つの値に決まりません．

なお，第Ⅳ章の95ページのあたりでは，g を1とみなして式をたてることを推奨しました．どうせ x は c と h と g の比だけで決まってしまうのですから，c と h と g のうちのどれかを1とみなすのが上策だったのだと，いまにして気がついていただければ幸いです．

方程式が多すぎると不能

未知数の数よりも方程式の数が少ないと，原則的には解が無数に見つかって未知数の値を決めることができず，つまり不定になってしまうのでした．では，逆に方程式の数が多すぎたらどうなるのでしょうか．一例として

$$\begin{cases} 2x - 3 = x + 1 \\ 3x + 1 = 2x - 2 \end{cases} \quad (7.11)$$

という連立方程式を考えてみましょうか．未知数が1つだけなのに方程式が2つもあるので，過剰サービスの気配が濃厚です．まず移項して，式を整理します．

$$\begin{cases} 2x - x = 1 + 3 \\ 3x - 2x = -2 - 1 \end{cases}$$

$$\therefore \begin{cases} x = 4 \\ x = -3 \end{cases}$$

さて，面妖なことになりました．1番めの方程式からは $x = 4$ が求まり，2番めの式からは $x = -3$ と出たのですが，連立方程式の解は，すべての方程式を同時に成立させなければなりませんから，x は4であると同時に -3 でもなければならないのです．同時に4と -3 であるような値は，残念ながらこの世の中には存在しません．つまり，連立方程式(7.11)を成立させるような x は存在せず，いいかえれば式(7.11)は解を持たないのです．したがって，連立方程式(7.11)は解くことができません．このようなとき，この連立方程式は**不能**であるといわれます．

方程式の数が未知数の数より多すぎる例をもう1つだけ調べてお

きましょう.

$$\left\{\begin{array}{l} x + y = 0 \quad ① \\ 2x + y = 1 \quad ② \\ x + 2y = 2 \quad ③ \end{array}\right\} \quad (7.12)$$

未知数が x と y の2つだけなのに，方程式が3つもあります．どのような結果になるのでしょうか．

まず，①と②から x と y とを求めてみます．未知数が2つですから，①と②の方程式だけで x と y の値が決まるはずですから……．

$$\left\{\begin{array}{ll} ② - ① & x = 1 \\ ① \times 2 - ② & y = -1 \end{array}\right\} \quad ④$$

簡単に x と y の値が決まりました．①と②に代入してみると，ちゃんと等式が成立するのが確認できます．つぎに，②と③とで x と y の値を計算してみましょう．

$$\left\{\begin{array}{lll} ② \times 2 - ③ & 3x = 0 & \therefore x = 0 \\ ③ \times 2 - ② & 3y = 3 & \therefore y = 1 \end{array}\right\} \quad ⑤$$

さきほどの値と異なりますが，②と③に代入して検算した限りでは計算に間違いはなさそうです．もうひとつ，ついでに①と③とで x と y を計算すると

$$\left\{\begin{array}{ll} ① \times 2 - ③ & x = -2 \\ ③ - ① & y = 2 \end{array}\right\} \quad ⑥$$

が得られます．計算は少しもむずかしくありませんが，しかし計算結果の④と⑤と⑥とを見較べてみると，いったいこれはなにごとですか．

④ $\begin{cases} x = 1 \\ y = -1 \end{cases}$　　⑤ $\begin{cases} x = 0 \\ y = 1 \end{cases}$　　⑥ $\begin{cases} x = -2 \\ y = 2 \end{cases}$

の組合せの，すべてが同時に成立しなければならないのです．平重盛の「忠ならんと欲すれば孝ならず」のジレンマを真似ていえば，④ならんと欲せば⑤⑥ならず，⑤ならんと欲せば④⑥ならず，⑥ならんと欲せば④⑤ならず，というトリレンマですから，もういけません．完全に不能です．やはり方程式が多すぎてもいけないのです．過ぎたるは，なお及ばざるが如し……．

このように，方程式の数が未知数の数より多いと，連立方程式は原則として**不能**になってしまいます．ただし'原則として'と書いたように，例外もあります．最もしばしば遭遇する例外は，式の形が異なるために別の方程式のように見えるのが，実は内容的には同じ方程式である場合です．たとえば

$$\begin{cases} (x+2)(x+1) = 1 & ① \\ \dfrac{1}{x^2} + \dfrac{3}{x} + 1 = 0 & ② \end{cases} \tag{7.13}$$

という連立方程式があるとしましょうか．未知数は x だけなのに方程式が2つもあるから，過ぎたるはなお及ばざるが如く不能であると決めこむと，これは思い過しです．なぜかというと，①を展開して整理すると

$$x^2 + 3x + 2 = 1$$
$$\therefore\ x^2 + 3x + 1 = 0 \tag{7.14}$$

両辺を x^2 で割ると

$$1 + \frac{3}{x} + \frac{1}{x^2} = 0$$

となって，これは②とまったく同じではありませんか．ですから，式(7.13)は2つの方程式があるように見えても，実は1つしか方程式がないのです．したがって，式(7.13)は方程式が多すぎるにもかかわらず，解を求めることができます*．

連立方程式のへんな話

未知数より方程式の数が少ないと原則的には不定に，方程式の数が多すぎると原則的には不能になるのでした．そして，未知数と方程式の数が等しければ原則として解が求まります．またもや'原則として'なのです．で，原則的でない場合を紹介しておこうと思います．

---

* 式(7.13)の場合，②が成立するためには x はゼロであってはなりません．幸い，式(7.14)に2次方程式を解く万能の公式を適用して x を求めると

$$x = \frac{-3 \pm \sqrt{9-4}}{2} = \frac{-3 \pm \sqrt{5}}{2}$$

であってゼロではありませんから，式(7.13)は①だけ，あるいは②だけと同じものと考えることができます．これに対して

$$\begin{cases} x^2 - x = 0 & (※) \\ 1 - \dfrac{1}{x} = 0 & (※※) \end{cases}$$

は事情がかなり異なります．(※※)は(※)の両辺を x^2 で割ったものにすぎないのですが，(※)だけなら解として

$$x = 0 \quad \text{および} \quad x = 1$$

が採用できるのに，(※※)によると解は $x = 1$ だけです．したがって，この連立方程式は(※※)とは同じものですが，(※)とは同じものではありません．ゼロで割ってはいけないことを再度思い出していただきたくて念のため……．

$$\begin{cases} 2x + 4y + 3 = 0 & ① \\ x + 2y + 1 = 0 & ② \end{cases} \qquad (7.15)$$

を解いてみてください．まず，xを消去するために②を2倍して①から引いてみましょう．

$$\begin{array}{r} 2x + 4y + 3 = 0 \\ -\quad 2x + 4y + 2 = 0 \\ \hline 1 = 0 \end{array}$$

さてもさても面妖な……．いったいこれは何事でしょうか．1がゼロと等しいようでは，数学などくそくらえです．念のために②から

$$x = -2y - 1$$

として，このxを①に代入してみても

$$2(-2y - 1) + 4y + 3 = 0$$

$$-4y - 2 + 4y + 3 = 0$$

$$\therefore \quad 1 = 0$$

と，やっぱり $1 = 0$ です．

なぜこのような理不尽なことが起こったのでしょうか．これを取調べるために問題の式(7.15)をちょっと変形してみます．

$$\begin{cases} 2x + 4y = -3 & ①もどき \\ x + 2y = -1 & ②もどき \end{cases}$$

この式を睨むと，なるほどこれは変だと合点がいきます．2つの式の左辺どうしを較べてみると，①もどきが②もどきのちょうど2倍になっています．それなのに右辺どうしを較べると，①もどきが②もどきの3倍になっているではありませんか．①もどきも，②もどきも等式なのですから，左辺どうしが2倍なら右辺どうしも2倍でなければ，つじつまが合いません．なぜかというと，この連立方程

式そのものに本質的な矛盾が含まれていて，その矛盾が $1 = 0$ というような面妖な結果を生み出しているのです．

式(7.15)は，このような矛盾に満ちた連立方程式ですから，解はありません．つまり**不能**なのです．

つぎに，式(7.15)の一部をちょっと変えて

$$\begin{cases} 2x + 4y + 2 = 0 & \text{③} \\ x + 2y + 1 = 0 & \text{④} \end{cases} \quad (7.16)$$

としてみましょう．xを消去してyを求めようと思い，④を2倍して③から引いてみると

$$\begin{array}{r} 2x + 4y + 2 = 0 \\ -\quad 2x + 4y + 2 = 0 \\ \hline 0 = 0 \end{array}$$

ゼロとゼロが等しいのは，確かにまちがいではありませんが，しかし，これではxの値もyの値も求まらないではありませんか．なぜ，このような結果になってしまうのでしょうか．問題の式(7.16)を注意深く見ていただくと，その理由はすぐにわかります．④の両辺を2倍すると③になってしまうではありませんか．つまり，③と④とは同じ式なのです．したがって，式(7.16)は2つの未知数に対して方程式が1つしかないことになり，**不定**です．

2つの連立方程式

$$\begin{cases} 2x + 4y + 3 = 0 \\ x + 2y + 1 = 0 \end{cases} \quad \text{(7.15)と同じ}$$

$$\begin{cases} 2x + 4y + 2 = 0 \\ x + 2y + 1 = 0 \end{cases} \quad \text{(7.16)と同じ}$$

は，2つの未知数に2つの方程式が用意された平凡な連立方程式な

のに，解が求まらず，しかもいっぽうは不能で他方は不定です．平凡な 2 人の人間のように見えながら，ひと皮むいてみると，いっぽうは悪魔で，もういっぽうは天使であるような感じです．どういう場合にこのようなことが起こるのでしょうか．

これを調べるために，一般的な 2 元 1 次の連立方程式

$$\left\{\begin{array}{l} a_1 x + b_1 y + c_1 = 0 \quad ⑤ \\ a_2 x + b_2 y + c_2 = 0 \quad ⑥ \end{array}\right. \quad (7.17)$$

を解いてみましょう．まず，y を消して x を求めるために⑤は b_2 倍，⑥は b_1 倍して，両辺の引き算をします．

$$a_1 b_2 x + b_1 b_2 y + b_2 c_1 = 0$$
$$- \quad a_2 b_1 x + b_1 b_2 y + b_1 c_2 = 0$$
$$\overline{(a_1 b_2 - a_2 b_1) x + b_2 c_1 - b_1 c_2 = 0}$$

$$\therefore \quad x = \frac{b_1 c_2 - b_2 c_1}{a_1 b_2 - a_2 b_1}$$

同じように，⑤ $\times a_2 -$ ⑥ $\times a_1$ として x を消去して y を求めると

$$a_1 a_2 x + a_2 b_1 y + a_2 c_1 = 0$$
$$- \quad a_1 a_2 x + a_1 b_2 y + a_1 c_2 = 0$$
$$\overline{(a_2 b_1 - a_1 b_2) y + a_2 c_1 - a_1 c_2 = 0}$$

$$\therefore \quad y = \frac{a_1 c_2 - a_2 c_1}{a_2 b_1 - a_1 b_2} = \frac{a_2 c_1 - a_1 c_2}{a_1 b_2 - a_2 b_1}$$

こうして求めた x と y を並べて書くと

$$\left.\begin{array}{l} x = \dfrac{b_1 c_2 - b_2 c_1}{a_1 b_2 - a_2 b_1} \\[2mm] y = \dfrac{a_2 c_1 - a_1 c_2}{a_1 b_2 - a_2 b_1} \end{array}\right\} \quad (7.18)$$

こうしてみると，事態がやや明らかになってきます．まず

$$a_1b_2 - a_2b_1 = 0$$

のとき，何か怪しからんことが起こりそうです．なにせ，分母がゼロになってしまうのですから．

まず，$b_1c_2 - b_2c_1$ か $a_2c_1 - a_1c_2$ の両方か，あるいはどちらかがゼロでない場合には，ある値をゼロで割ることになり，しっちゃかめっちゃかで，$1 = 0$ などが現われて人をまどわします．ある値をゼロで割ることは数学ではできないのですから，問題の連立方程式(7.17)は不能です．

つぎに

$$b_1c_2 - b_2c_1 = a_2c_1 - a_1c_2 = 0$$

の場合は，x も y もゼロをゼロで割った値です．ゼロをゼロで割るという操作は，実は意味のないこともあるのですが，意味があることもあるので厄介な存在です．ここでは深入りしないで，式(7.18)の分母と分子がともにゼロになるようなとき，問題の連立方程式(7.17)は不定になることだけを，ご紹介しておきましょう．

私たちが実際の値で計算した式(7.15)と式(7.16)に式(7.18)をあてはめてみてください．式(7.15)は不能，式(7.16)は不定であることが確認できるはずです．

解，不能，不定を目で見る

この章では，連立方程式を主題として，未知数の値を求めるために必要な方程式の数を調べてきました．そして一般には，未知数と同数の方程式があれば未知数の値が求められ，方程式が少なすぎれ

ば不定,多すぎれば不能になることを知りました.けれども,例外的に,方程式が過不足なく準備されているにもかかわらず,不定や不能になったり,方程式が不足していたり過剰である場合でも未知数の値が求められたりすることもあり,なかなかめんどうです.そこで,連立方程式を解くとはどういうことなのか,どういうときに不定や不能になるのかをグラフを使って目で確かめておこうと思います.百聞は一見にしかず,だそうですから…….

まず,もっともやさしそうな連立方程式

$$\begin{cases} x + y = 1 & ① \\ x - y = 3 & ② \end{cases}$$ (7.3)と同じ

をグラフに描いてみると,図 7.1 のようになります.①は図中の右下りの直線,②は右上りの直線で表わされますから,①が成立するためには右下りの直線①の上に解がなければならず,また,②が成立するためには解は右上りの直線②の上にある必要があります.ところが,連立方程式 (7.3) の解は①と②とを同時に成立させなければなりません.①と②とが同時に成立するためには,解が①の直線上にあると同時に②の直線上にもある必要があります.その位置

解 $x=2$, $y=-1$

$$\begin{cases} x+y=1 & ① \\ x-y=3 & ② \end{cases}$$

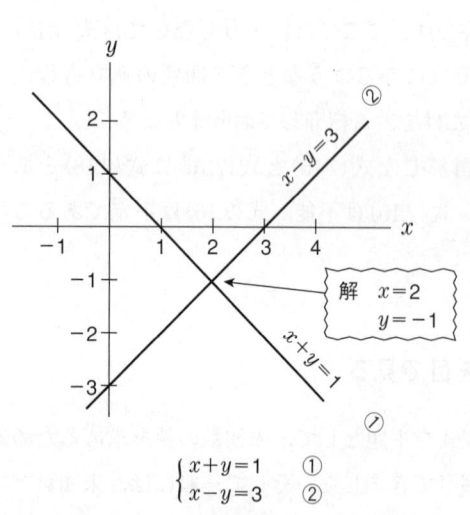

図 7.1

は①の直線と②の直線の交点だけです．というわけで，連立方程式(7.3)の解は2本の直線の交点の座標$(x = 2,\ y = -1)$で表わされることになります．

つぎの例は，少々むずかしそうなのを選びましょう．

$$\begin{cases} x^2 + y^2 = 5 & ③ \\ xy = 2 & ④ \end{cases} \quad \text{(7.6)と同じ}$$

③は半径$\sqrt{5}$の円を描き*，④は第1象限と第3象限に描かれる一対の双曲線を表わします**．そうすると，③と④とを同時に成立させる解，つまり連立方程式(7.6)の解は，③を表わす円と④を表わす双曲線の交点の座標であり，それは図7.2のように

$$\begin{cases} x = 1 \\ y = 2 \end{cases} \quad \begin{cases} x = -1 \\ y = -2 \end{cases} \quad \begin{cases} x = 2 \\ y = 1 \end{cases} \quad \begin{cases} x = -2 \\ y = -1 \end{cases}$$

の4つであることになります．

連立方程式(7.3)と(7.6)とは，いずれも2つの未知数に2つの方程式が準備されていて，グラフに描いてみると，直線や曲線の交点として解が明示されていました．これが解を持つ連立方程式の姿です．

これに対して，図7.3を見てください．左側の図は

---

* 右の図を見てください．半径$\sqrt{5}$の円周上にあるP点の座標を(x, y)とすると，三平方の定理によって
$$x^2 + y^2 = 5$$
です．逆に言えば，この関係に拘束される点(x, y)は，すべて半径$\sqrt{5}$の円周上にあることになります．

** 『関数のはなし(上)【改訂版】』98ページあたりを参照ねがいます．

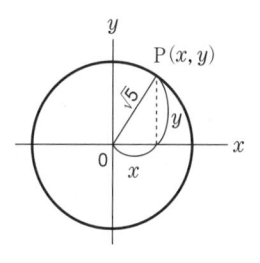

図7.2 に示すグラフ上で、

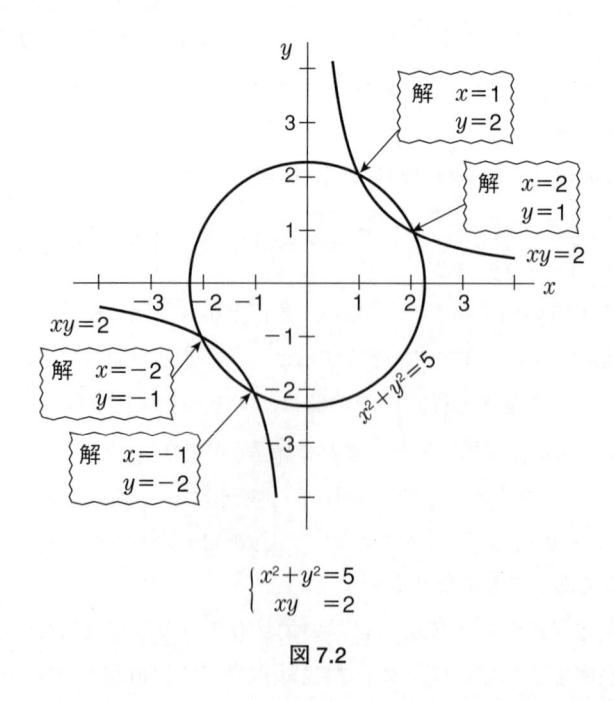

解 $x=1, y=2$
解 $x=2, y=1$
解 $x=-2, y=-1$
解 $x=-1, y=-2$

$$\begin{cases} x^2+y^2=5 \\ xy=2 \end{cases}$$

図 7.2

$$y - 3 = x^2 + 1 \qquad\qquad (7.1)と同じ$$

のグラフです．チューリップ形の曲線は式(7.1)で表わされる x と y との関係を図示したものですから，この曲線上のすべての点が式(7.1)の関係を満足しています．いいかえれば，この曲線上のいたるところが式(7.1)の解であり，これでは解の値を決めるすべがありません．つまり，不定です．未知数2つに対して，方程式が1つしかないと，こういうザマになってしまいます．

図 7.3 の右側の図は

$$\begin{cases} x + 2y + 1 = 0 \\ 2x + 4y + 2 = 0 \end{cases}$$

Ⅶ　連立方程式を解く

図7.3の左側：$y-3=x^2+1$ （この曲線上のいたるところが解）

図7.3の右側：
$$\begin{cases} x+2y+1=0 \\ 2x+4y+2=0 \end{cases}$$
（この直線上のいたるところが解）

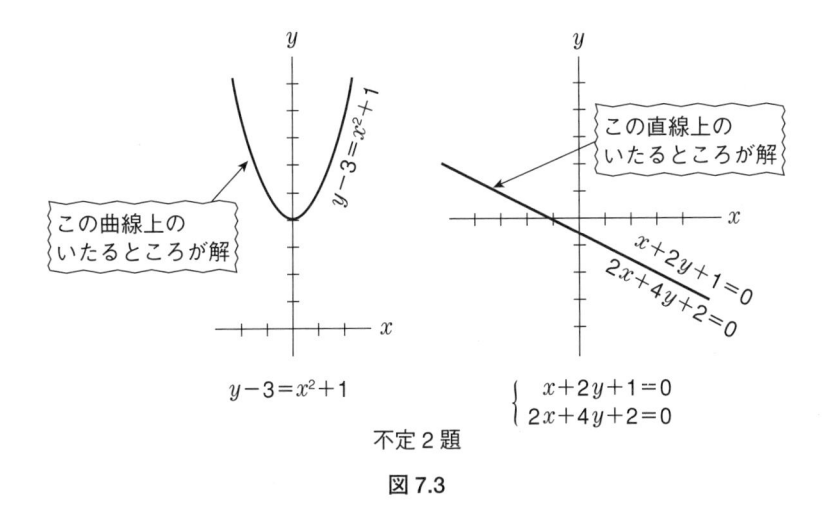

不定 2 題

図 7.3

を描いたものです．この 2 つの方程式を表わす直線はぴったりと重なりあい，直線上のいたるところが交点です．したがって，直線上のいたるところがこの連立方程式の解であり，つまり，不定です．2 つの未知数に対して方程式が 2 つあるように見えても，実は方程式が 1 つしかないのと同じなのです．

つづいて図 7.4 をごらんください．左側の図は

$$\begin{cases} x+\ y = 0 \\ 2x+\ y = 1 \\ x+2y = 2 \end{cases} \qquad (7.12)と同じ$$

を表わしています．3 つの方程式は 3 本の直線として描かれていて，それぞれ 2 本ずつは交わっていますが，3 本が同時に交わる点がありません．連立方程式 (7.12) が成立するためには，同時に 3 本の直線上にある点が必要ですから，この図は式 (7.12) に解が存在しない

$$\begin{cases} x+y=0 \\ 2x+y=1 \\ x+2x=2 \end{cases} \qquad \begin{cases} x+2x+1=0 \\ 2x+4x+3=0 \end{cases}$$

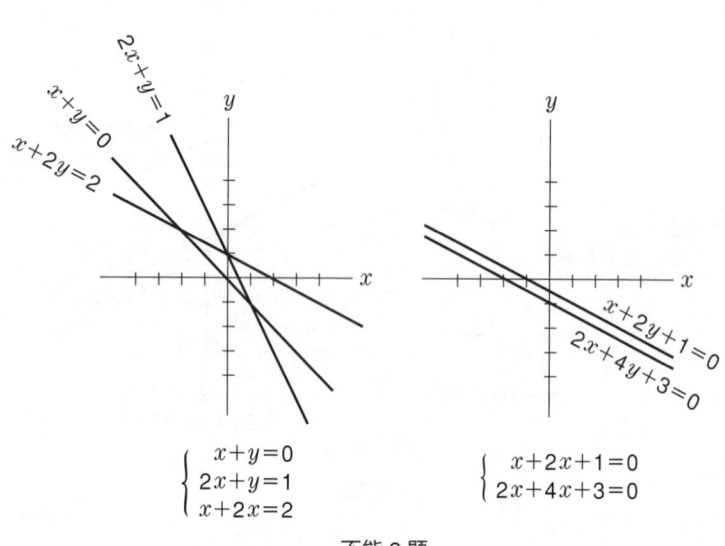

不能2題

図 7.4

ことを表わしています．したがって，不能です．

図 7.4 の右側の図は

$$\begin{cases} x + 2y + 1 = 0 \\ 2x + 4y + 3 = 0 \end{cases} \qquad (7.15)と同じ$$

を描いたものです．永久に交わることを知らない一組の平行線が描かれています．これでは解が存在するはずがありません．で，不能です．2つの未知数に2つの方程式が準備された典型的な2元1次連立方程式のように見えながら，こういうこともあるので油断がなりません．

最後にもう一度，図 7.4 の左側の図を見ていただきましょう．3本の線が同時に交わる点がないため，連立方程式 (7.12) は不能で

Ⅶ　連立方程式を解く

あったのですが，では，3本の線が同時に交わるとどうなるでしょうか．一例として

$$\begin{cases} x + y = 0 & ① \\ 2x + y = 1 & ② \\ x + 2y = -1 & ③ \end{cases} \qquad (7.19)$$

を図7.5に描いてみました．①，②，③を表わす3本の直線が見事に一点($x=1$, $y=-1$)で交わっているので，未知数2つに対して，方程式が3つもあるにもかかわらず，解が求まります．

　念のために，式(7.19)を計算してみてください．①と②とを連立させてxとyの値を求めても，②と③で求めても，③と①とで計算しても

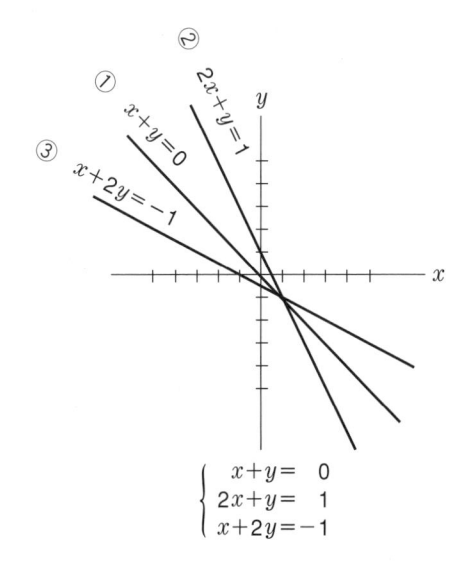

図7.5

$$x = 1, \quad y = -1$$

が得られます．2つの方程式で間に合うところに3つの方程式があるのですから，サービス過剰といえばいえますが，しかし，この場合には，あっても邪魔にならないところが泣かせるではありませんか．

VIII 不等式を解く

不等式は大小関係

諺は，長年かかって煮つまった智恵の結晶だと信じているのに，まったく正反対の内容を主張するものが少なくないので，困ってしまいます．「君子危きに近寄らず」なのか「虎穴に入らずんば虎子を得ず」なのか，また「七度(ななたび)尋ねて人を疑え」がほんとうか，「人を見たら泥棒と思え」が正しいのか首をひねりたくなります．そして，前章の冒頭に紹介した「過ぎたるはなお及ばざるが如し」に対しては「大は小を兼ねる」ときたもんです．

もっとも，「大は小を兼ねる」には，異論も少なくありません．しゃもじで耳はかけないとか，薪は楊枝にならないとかがその論拠ですが，この反論は言葉じりにケチをつけている程度の風情にみえないこともありません．けれども，数学の世界に限っていえば，「過ぎたるはなお及ばざるが如し」と「大は小を兼ねる」の勝負は，前者が決定的に有利のようです．前章で原則的に「過ぎたるはなお

及ばざるが如し」を立証しましたし，この章では，大は小を兼ねないことをお話ししようとしているのですから……．

この章では，大は小を兼ねないことを立証しようとしているのですが，決して耳かきや楊枝の話をしようとしているわけではありません．不等式の話をしようとしているのです．不等式は

$$3 < 5$$
$$2x^2 > x^2$$
$$x + 2 > 4$$

のように，左辺と右辺とが不等記号で結ばれた式をいい，このうち

$$3 < 5 \quad や \quad 2x^2 > x^2$$

のように，常に文句なく成立するものを**絶対不等式**と呼び

$$x + 2 > 4$$

のように，xがある条件を備えたときだけ成立するものを**条件付き不等式**と呼ぶことは，第Ⅲ章で述べたとおりです．そして，条件付き不等式が成立するような条件を求めることを**不等式を解く**というのでした．この章では，絶対不等式を証明したり，不等式を解いたりするのですが，いずれの場合にも不等式の性質をあらかじめ理解しておかなければなりません．不等式の性質は，等式と同じものも多いのですが，等式とは全く異なった性質もあるので，そこをよく弁別しておかないと，とんでもないミスを誘発しかねないからです．

まず，不等式は数や式の大小関係を，そして大小関係だけを表わしていることを念頭に置きましょう．虚数は2乗するとマイナスの値になるような幻の数ですから，大とか小とかの概念は適用できないので，不等式の対象とはならず，したがって不等式が対象とする

のは実数だけです．それで

$$A > B$$

と書いてあれば，A も B もすべて実数だけで構成された式や数であると考えてまちがいはありません．そして，この不等式は A が B よりも大きいことだけを表わしていて，しかしどのくらい大きいかについては全く何のヒントもありません．そういう次第ですから，3つの値 A, B, C があるとき

$$\left.\begin{array}{l} A > B \\ B > C \end{array}\right\} \quad なら \quad A > C$$

とは言えますが

$$\left.\begin{array}{l} A > C \\ B > C \end{array}\right\} \quad のとき$$

A と B のどちらが大きいかについては皆目，見当もつかないのです．

不等式の計算

等式の場合にもそうしたように，不等式の場合の運算のルールを調べてゆきましょう．まず

$$A > B \quad なら \quad \left\{\begin{array}{l} A + C > B + C \\ A - C > B - C \end{array}\right\} \tag{8.1}$$

です．すなわち，不等式の両辺に同じものを加えても同じものを引いても，不等号の向きが変わらないまま不等式は成立します．この性質をイラスト化して図8.1に描いてありますが，似たようなイラストを前にも見たことがあります．そうです．143ページの図6.1

$A > B$ ならば

同じものを追加しても
$A + C > B + C$

同じものを取り去っても
$A - C > B - C$

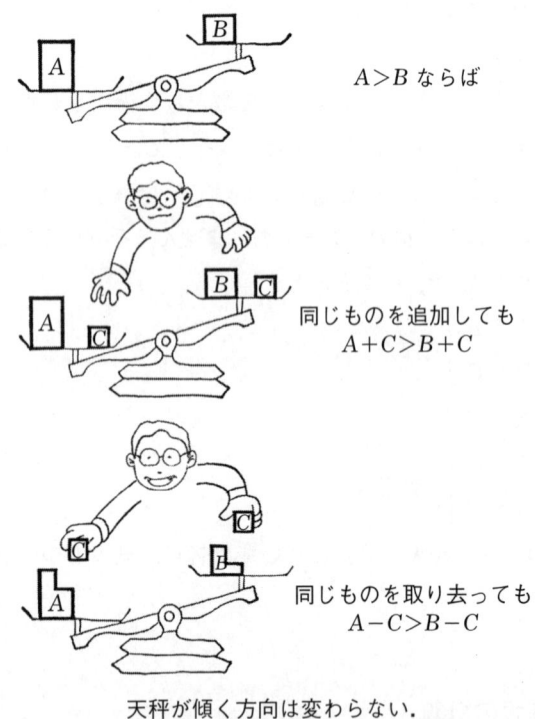

天秤が傾く方向は変わらない．

図 8.1

に等式の両辺に同じものを加えても同じものを引いても，等式が成立する様を描いてあったのと，そっくりさんです．つまり，両辺に同じものを加えても引いてもよいという性質は，等式にも不等式にも共通しています．したがって，等式の場合と同様に移項することができます．なお A, B, C はいずれも正でも負でも差支えありません．一例として

VIII 不等式を解く

$$3 > -1 \quad \text{だから} \quad \begin{cases} 3+2 > -1+2 & (5 > 1) \\ 3-4 > -1-4 & (-1 > -5) \end{cases}$$

を確認しておいてください.

つぎに,不等式の両辺を n 倍したらどうなるでしょうか. n が正のときは

$$A > B \quad \text{なら} \quad nA > nB \quad (n > 0) \tag{8.2}$$

です. たとえば

$$3 > 1 \quad \text{だから} \quad 3 \times 2 > 1 \times 2 \quad (6 > 2)$$
$$3 > -1 \quad \text{だから} \quad 3 \times 2 > -1 \times 2 \quad (6 > -2)$$
$$-2 > -3 \quad \text{だから} \quad -2 \times 4 > -3 \times 4 \quad (-8 > -12)$$

のように,A と B が正でも負でも不等号の向きが変わることはありません. この性質も,等式の場合と同じです.

ところがです. n が負であると,不等式の両辺を n 倍したとたんに不等号の向きが逆転してしまうのです. つまり

$$A > B \quad \text{なら} \quad nA < nB \quad (n < 0) \tag{8.3}$$

なのです. つぎの実例を確かめてみてください.

$$3 > 1 \quad \text{だから} \quad 3 \times (-2) < 1 \times (-2) \quad (-6 < -2)$$
$$3 > -1 \quad \text{だから} \quad 3 \times (-2) < -1 \times (-2) \quad (-6 < 2)$$
$$-2 > -3 \quad \text{だから} \quad -2 \times (-4) < -3 \times (-4) \quad (8 < 12)$$

たしかに,負の値を不等式の両辺に掛けると不等号の向きが逆転してしまいます. なぜこうなるのかは,図8.2のイラストを見て了解していただけるでしょうか. A や B の重さの $-n$ 倍とは,nA や nB の重さが反対方向に作用することを意味しますから,天秤は反対方向にがっくりと傾くこと請け合いです.

では,不等式の両辺を n で割ったらどうなるのでしょうか. 120

$A>B$ のとき

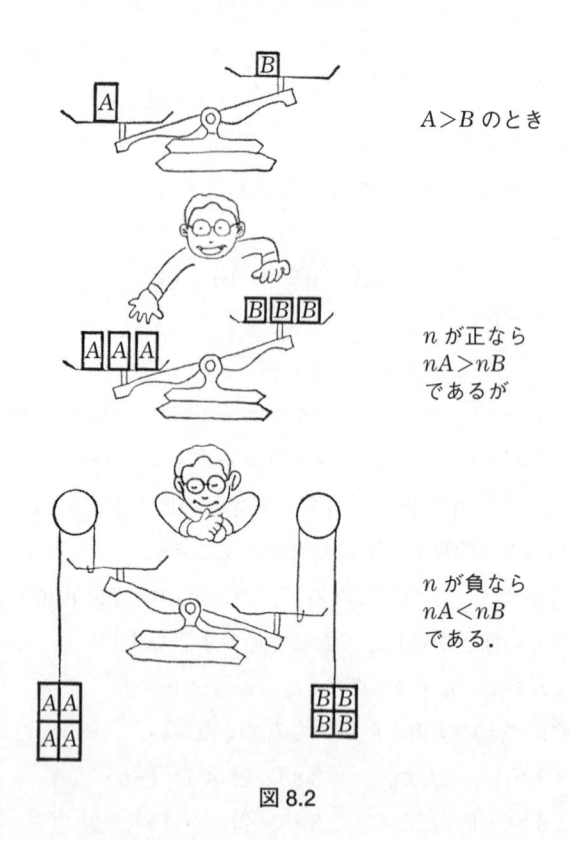

n が正なら
$nA>nB$
であるが

n が負なら
$nA<nB$
である.

図 8.2

ページにも書いたように，n で割るということは，その逆数 $1/n$ を掛けることと同じです．したがって，n が正であれば $1/n$ も正ですから，不等式の両辺を n で割っても，いいかえれば不等式の両辺に $1/n$ を掛けても異変は起こらず，不等号の向きは変わりません．たとえば

　　　$6>-2$　の両辺を 2 で割れば　$3>-1$

ってなもんです．

Ⅷ　不等式を解く

いっぽう，n が負であると $1/n$ も負ですから，不等式の両辺を n で割ると，つまり $1/n$ を掛けると不等号の向きが逆転してしまいます．たとえば

$$6 > 2 \quad \text{だから} \quad 6/-2 < 2/-2 \quad (-3 < -1)$$
$$6 > -2 \quad \text{だから} \quad 6/-2 < -2/-2 \quad (-3 < 1)$$
$$-3 > -6 \quad \text{だから} \quad -3/-3 < -6/-3 \quad (1 < 2)$$

のように，です．

不等式の両辺へのたし算，引き算，掛け算といっしょに割り算の性質を整理すると

1. $A > B$ なら $\begin{cases} A + C > B + C \\ A - C > B - C \end{cases}$　　(8.1)と同じ

2. $A > B$ なら　(1)　$C > 0$ のとき $\begin{cases} AC > BC \\ \dfrac{A}{C} > \dfrac{B}{C} \end{cases}$

　　　　　　　(2)　$C < 0$ のとき $\begin{cases} AC < BC \\ \dfrac{A}{C} < \dfrac{B}{C} \end{cases}$

となるのですが，ぜひ覚えておきたいのは「不等式の両辺に負の値を掛けたり，負の値で割ったりすると，不等号の向きが逆転する」という冷厳な事実です．

幾何平均は算術平均より小さい

数学と英語の科目についてテストをしたと思ってください．その成績が A 点と B 点であったとすると，この科目についての総合力

は A と B との**算術平均**

$$\frac{A+B}{2}$$

で評価されるのが普通です．算術平均は2つの値を公平に扱っているし，なによりも計算が簡単なのが有難いからです．けれども，科目の総合力を評価するなら，A と B との**幾何平均**

$$\sqrt{AB}$$

で評価するほうが優れているという説もあります．A と B とがバランスしているときに較べて，A と B とに差があると幾何平均は小さくなります．したがって，バランスのとれた学力と較べて，ムラのある学力を低く評価するから，幾何平均のほうが優れた評価法だというのです．たしかに

$$\left.\begin{array}{l}\text{数学が5点}\\ \text{英語が5点}\end{array}\right\} \text{のときは} \left\{\begin{array}{l}\text{算術平均}=\dfrac{5+5}{2}=5\\ \text{幾何平均}=\sqrt{5\times 5}=5\end{array}\right.$$

であるので，算術平均も幾何平均も同じですが

$$\left.\begin{array}{l}\text{数学が9点}\\ \text{英語が1点}\end{array}\right\} \text{のときは} \left\{\begin{array}{l}\text{算術平均}=\dfrac{9+1}{2}=5\\ \text{幾何平均}=\sqrt{9\times 1}=3\end{array}\right.$$

となり，ムラのある学力に対して幾何平均がきびしい評価を下していることがわかります．

ところで，2つの正の値の幾何平均は算術平均より大きくなることは決してありません．めいっぱい頑張っても算術平均と等しくなるのが限度で，ふつうは算術平均より小さいのです．すなわち

Ⅷ 不等式を解く

$$\frac{A+B}{2} \geqq \sqrt{AB} \qquad ただし,\ A,\ B > 0 \tag{8.4}$$

なのです．ひとつ，これを証明してみましょうか．

この不等式の両辺に2を掛け，移項して整理すると

$$A + B - 2\sqrt{AB} \geqq 0 \tag{8.5}$$

となりますから，この関係を証明すれば，式(8.4)を証明したことになります．では

$$A = (\sqrt{A})^2, \quad B = (\sqrt{B})^2, \quad \sqrt{AB} = \sqrt{A}\sqrt{B}$$

を利用して式(8.5)を変形してゆきます．

$$\begin{aligned} A + B - 2\sqrt{AB} &= (\sqrt{A})^2 - 2\sqrt{A}\sqrt{B} + (\sqrt{B})^2 \\ &= (\sqrt{A} - \sqrt{B})^2 \end{aligned}$$

この結果を見てください．（　）の中が正であっても負であっても（　）^{2} は正ですから

$$(\sqrt{A} - \sqrt{B})^2 \geqq 0$$

です．もちろん，=は（　）の中がゼロのとき，つまり $A = B$ のときのために書き加えられています．したがって

$$A + B - 2\sqrt{AB} \geqq 0$$

が証明されました．つまり，幾何平均は $A = B$ のときに算術平均と等しく，$A \neq B$ なら算術平均より小さくなります．なお，算術平均は**相加平均**，幾何平均は**相乗平均**とも呼ばれています．

不等式を証明したついでに，もうひとつ，正の数とその逆数の和は2と等しいか，それよりも大きいことを証明してみてください[*]．

不等式を解く

前の節では不等式を証明してみたので，この節からは不等式を解いてゆきます．まずは，すごく簡単なのから始めましょう．

$$2x + 2 > 4x - 2 \tag{8.6}$$

1元1次の不等式です．これを解く手順は等式の場合と同じです．

(1) 変数を含む項は左辺に，定数だけの項は右辺に移項する．

$2x - 4x > -2 - 2$

(2) 同類項をまとめて整理する．

$-2x > -4$

(3) 変数 x の係数（-2）で両辺を割る．

$x < 2$ （不等号の向きが逆転したことに注意）

とすれば，1元1次不等式は，泡のように消えてしまいます．つまり，x が2より小さければ式(8.6)は成立する．逆に言えば，式(8.6)が成立するためには，x が2より小さくなければならないのです．1次方程式解くにゃ技巧はいらぬ，手順の3つも踏めばよい……．

つぎは，1元2次の不等式です．

$$x^2 - x - 2 > 0 \tag{8.7}$$

くらいが手頃な題材かと思います．等式の場合もそうであったように，1次式が赤子の手をひねるように解けるのに較べて，2次式は

---

* $a + \dfrac{1}{a} \geqq 2$ の両辺に a を掛けて整理すると

$a^2 - 2a + 1 \geqq 0$ を証明すればよいことがわかり

$a^2 - 2a + 1 = (a-1)^2 \geqq 0$ …… 証明終り

Ⅷ 不等式を解く

こってり手応えがあります．式(8.7)を解くには，まず，左辺を因数分解します．

$$(x+1)(x-2) > 0 \tag{8.8}$$

この式の左辺がゼロより大きく，つまり，正の値になるためには，2つの( )の中が両方ともプラスか，両方ともマイナスでなければなりません．プラスどうし，マイナスどうしを掛け合わせればプラスですが，プラスとマイナスを掛け合わせればマイナスだからです．1番目の$(x+1)$は，xが-1より大きければ+，-1より小さければ-です．そして2番目の$(x-2)$は，xが2より大きければ+，2より小さければ-です．図8.3を見てください．上段は$(x+1)$，中段は$(x-2)$の+と-の範囲を表わしています．そうすると$(x+1)(x-2)$の+と-の範囲は，下段のようになることが明らかです．したがって

$$x^2 - x - 2 > 0 \tag{8.7と同じ}$$

の解は

$$x < -1 \quad \text{または} \quad x > 2$$

であることが判明しました．なお，かりに問題の式が

$$x^2 - x - 2 \geq 0 \tag{8.9}$$

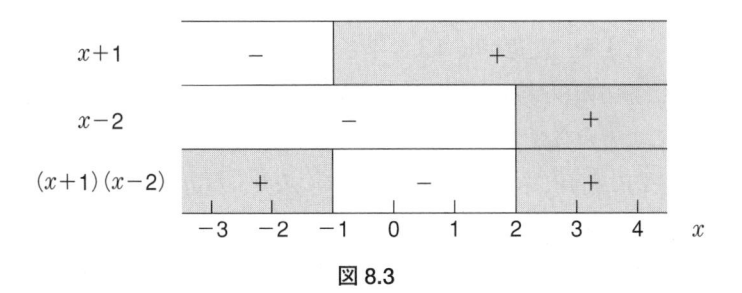

図 8.3

であったら,どうでしょうか.これは

$$x^2 - x - 2 > 0$$

のほかに

$$x^2 - x - 2 = 0$$

であってもよい,ということなので

$$x^2 - x - 2 = (x + 1)(x - 2) = 0$$

から,$x = -1$ または $x = 2$ も解となります.したがって,式(8.9)の解は

$$x \leq -1 \quad \text{または} \quad x \geq 2$$

となります.

　3次の不等式の場合も,2次不等式と同じ手口を使います.

$$-x^3 - 2x^2 + x + 2 > 0 \tag{8.10}$$

を解いてみましょうか.左辺の因数分解からスタートするのですが,x^3 の項がマイナスでは気色が悪いので,両辺に -1 を掛けて x^3 の $-$ をとってしまいましょう.マイナスの値を両辺に掛けると不等号の向きが逆転することを忘れないでください.

$$x^3 + 2x^2 - x - 2 < 0$$

この式の左辺を因数分解すると

$$(x + 2)(x + 1)(x - 1) < 0$$

が得られます.左辺がゼロより小さく,いいかえれば,負になるためには左辺の3つの( )のうち1つが負で2つが正か,3つとも負であることが必要です.で,前例にならって,3つの( )の正負の範囲を図に描いてみると,図8.4のようになり,左辺が負になるのは

$$x < -2 \quad \text{および} \quad -1 < x < 1$$

であることがわかります.これが式(8.10)の解です.

Ⅷ　不等式を解く

$x+2$	−	+	+	+
$x+1$	−	−	+	+
$x-1$	−	−	−	+
$(x+2)(x+1)(x-1)$	−	+	−	+

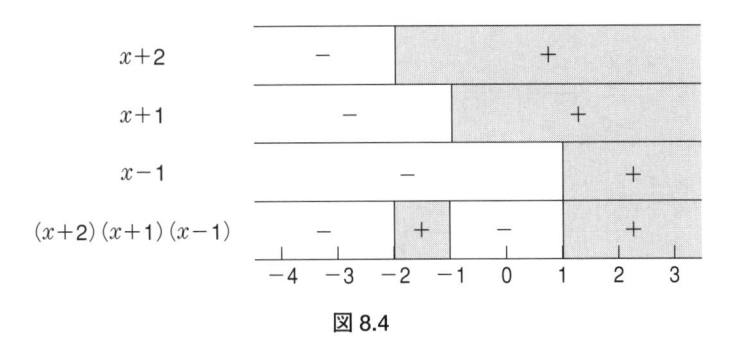

　　　　　　$-4\ -3\ -2\ -1\ \ 0\ \ 1\ \ 2\ \ 3$

図 8.4

　4 次不等式の場合も，4 つの（ ）に因数分解できさえすれば全く同様にして解が求まります．4 つの（ ）のうち偶数個（ゼロを含む）が正の範囲では全体としても正，奇数個が正の範囲では全体が負になるのですから……．5 次以上の場合も，この応用です．

分数不等式を無理に解く

　おつぎの番です．分数不等式

$$\frac{x-2}{x+1} < 0 \tag{8.11}$$

を解いてゆきましょう．左辺が負であるためには，分子分母の片方が正で，他方が負でなければなりません．そこで，またもや分子と分母の正負の範囲を図 8.5 に描いてみましょう．そうすると

$$-1 < x < 2$$

の範囲にある場合に限って

$$\frac{x-2}{x+1} < 0 \qquad\qquad \text{(8.11)と同じ}$$

$x-2$	−	−	+
$x+1$	−	+	+
$\dfrac{x-2}{x+1}$	+	−	+

図 8.5

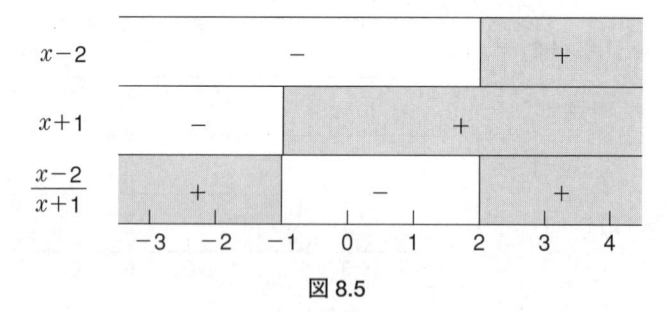

が成立することがわかります．分子が負，分母が正だからです．

もうひとつ，分数不等式の例題をこなしておきましょう．

$$2x > -\frac{4}{x+3} \tag{8.12}$$

いくらか凝っていますが，おそれる必要はありません．175 ページあたりの分数方程式と同じように右辺をぜんぶ左辺に移し，1 つの分数式にまとめてしまいます．

$$2x + \frac{4}{x+3} = \frac{2x^2+6x}{x+3} + \frac{4}{x+3} = \frac{2x^2+6x+4}{x+3} > 0$$

左辺をできるだけ因数分解してください．

$$\frac{2x^2+6x+4}{x+3} = \frac{2(x+1)(x+2)}{x+3} > 0$$

ここまで来ると事情は明白です．

$$\frac{2(x+1)(x+2)}{x+3}$$

が正になるためには，$(x+1)$，$(x+2)$，$(x+3)$ が 3 つとも正であるか，1 つが正で 2 つが負でなければなりません．2 つが正で 1 つが負であったり，3 つとも負であったりすると，全体としては

Ⅷ 不等式を解く

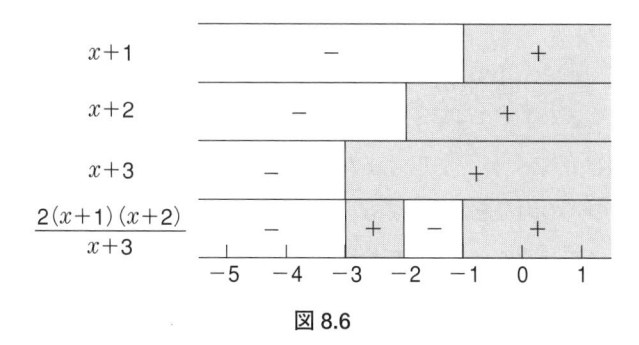

図 8.6

負になってしまいます．これを判定するために $(x+1)$，$(x+2)$，$(x+3)$ の正負の範囲を図 8.6 に描いてあります．図から明瞭なように，全体として正になる x の範囲は

$$-3 < x < -2 \quad \text{および} \quad x > -1$$

です．これが，いくらか凝った式 (8.12) の解です．

おつぎの番です．こんどは無理不等式へといってみましょうか．

$$x + 1 < \sqrt{3x+3} \tag{8.13}$$

に挑戦することにします．計算にはいる前に，この不等式が意味を持つ範囲に若干の注意を払う必要があります．この章の始めのほうに不等式は数や式の大小関係を表わしていて，虚数には大とか小とかの概念が適用できないから，不等式は虚数を対象とはしない，と書いてあったのを思い出してください．そうすると，式 (8.13) の右辺の $\sqrt{}$ の中は正でなければなりません．

$$3x + 3 > 0$$

$$\therefore \quad x > -1$$

でなければなりません．不等式 (8.13) は，x が -1 より大きい場合にしか意味を持たないのです．これをしっかりと記憶に留めておき

ましょう.

さて, $x > -1$ であれば
$$x + 1 < \sqrt{3x+3} \qquad (8.13)\text{と同じ}$$
の右辺は正ですが, 左辺もまた正になります. 両辺とも正ですから, この式の両辺を2乗しても不等号の向きに変わりはありません*.
$$x^2 + 2x + 1 < 3x + 3$$
移項して整理すると
$$x^2 + 2x + 1 - 3x - 3 = x^2 - x - 2$$
$$= (x + 1)(x - 2) < 0$$

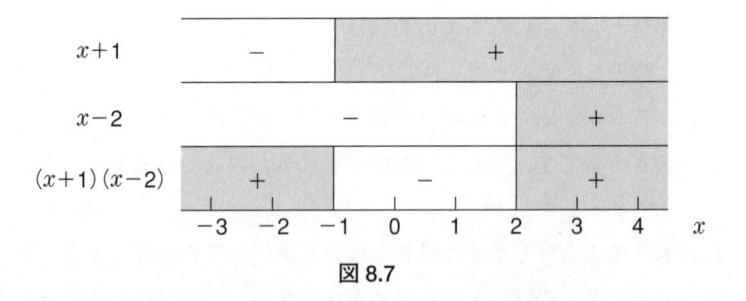

図 8.7

---

* 不等式の両辺が正であれば両辺を2乗しても不等号の向きは変わりません. これに対して, 両辺が負のときは
$$-2 < -1 \quad \text{を2乗すると} \quad 4 > 1$$
のように不等号の向きが逆転します. また両辺のうち片方が正で, 他方が負であると
$$-1 < 2 \quad \text{を2乗すると} \quad 1 < 4$$
$$-2 < 1 \quad \text{を2乗すると} \quad 4 > 1$$
のように, 不等号の向きが逆転するかどうかは, 両辺の絶対値の大きさによって異なります. 不等式の両辺を2乗するときには, 不等号の向きにじゅうぶん注意する必要があります.

となります．これが成立する x の範囲を見つけるために描いたのが，図8.7です．図8.7は，実は式(8.7)を解くための図8.3と同じなのですが，式(8.7)と今回とでは不等号の向きが反対になっているところが，少ない例題になるべく多くの変化を仕組もうとする私の努力の現れです．図8.7を見ると，式(8.13)の解はいっぱつでわかります．

$$-1 < x < 2 \tag{8.14}$$

がそれです．ここで，しっかりと記憶に留めておいた $x > -1$ を呼びだして，チェックしてみます．私たちの解(8.14)は確かに $x > -1$ の範囲にあります．OKです．

私たちは

$$x + 1 < \sqrt{3x+3} \qquad (8.13) と同じ$$

を数学的に運算して

$$-1 < x < 2 \qquad (8.14) と同じ$$

という解を得ました．けれども，初心に戻ってみると，不等式(8.13)は $x + 1$ より $\sqrt{3x+3}$ が大きいような x の範囲はどこか，という問いかけですから，$x + 1$ と $\sqrt{3x+3}$ の大小関係をグラフに描いて，わが目で確かめてみたいものです．そこで

$$y = x + 1$$
$$y = \sqrt{3x+3}$$

の2つのグラフを図8.8に

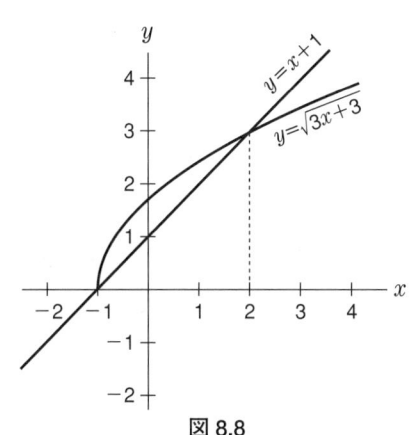

図8.8

描いてみました．なるほど，$x+1$ より $\sqrt{3x+3}$ が大きいのは，x が -1 から 2 までの範囲だと実感をこめて合点していただければ幸いです．

連立不等式を解く

不等式の解き方は，いまや佳境にはいりました．こんどは連立不等式へと話を進めます．手はじめに

$$\begin{cases} 2x+1 > x+2 & ① \\ 3x < 2x+3 & ② \end{cases} \quad (8.15)$$

を解いてゆきます．等式では，未知数 1 つに方程式 2 つの場合は，過ぎたるはなお及ばざるが如し，のたとえどおり，原則として不能になるのでしたが，不等式ではそうでもありません．式(8.15)の①と②をそれぞれ移項して整理すると

$$\begin{cases} x > 1 \\ x < 3 \end{cases} \quad (8.16)$$

となり，この 2 つの不等式を同時に成立させる x の範囲は図 8.9 から明らかなように

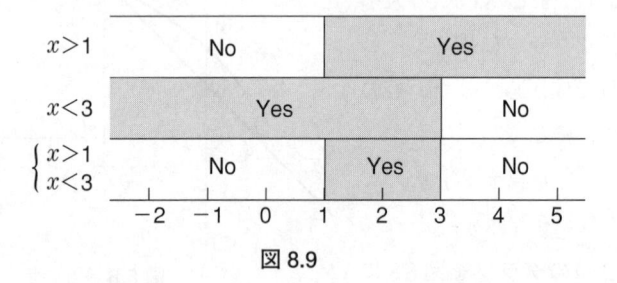

$x>1$	No		Yes	
$x<3$		Yes		No
$\begin{cases}x>1\\x<3\end{cases}$	No		Yes	No
	$-2\ \ -1\ \ 0$	1	$2\ \ \ 3$	$4\ \ \ 5$

図 8.9

Ⅷ 不等式を解く

$1 < x < 3$

で，これが連立1元1次不等式(8.15)の解です．

　不等式の場合には，未知数に対して方程式が多すぎても，いつでもこのように解が求まるのかというと，そうでもないから困ってしまいます．たとえば，式(8.16)の不等号をひっくり返して

$$\begin{cases} x < 1 & ③ \\ x > 3 & ④ \end{cases} \quad (8.17)$$

とするともういけません．図8.10から一目瞭然のように，③が成立する範囲と④が成立する範囲との間に共通の部分がなく，したがって③と④とを同時に成立させるようなxは，どこにも存在しないのです．

　不等式の場合には，このように解があるかないかが，かなりケース・バイ・ケースなので厄介ですが，私のせいではありませんからご容赦ください．

　つぎは，連立2元1次の不等式です．

$$\begin{cases} x - y > 1 & ⑤ \\ x + y > 0 & ⑥ \end{cases} \quad (8.18)$$

⑤と⑥を変形してつぎのようなスタイルにします．

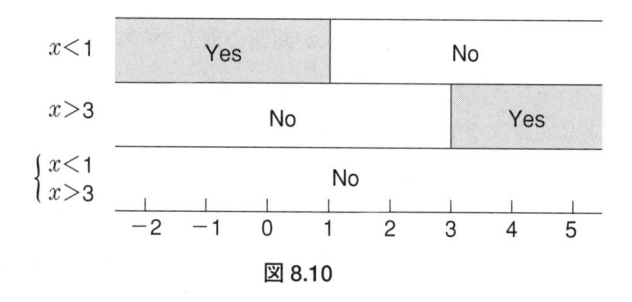

図 8.10

$$\begin{cases} y < x - 1 & \text{⑦} \\ y > -x & \text{⑧} \end{cases} \quad (8.19)$$

そして，⑦と⑧の意味を静かに考えてみます．⑦は

$$y = x - 1$$

で表わされる y よりは，いつも小さな y であれ，と要求しているし，⑧は

$$y = -x$$

で表わされる y よりは常に大きな y でなければならないと要求しています．そこで

$$y = x - 1 \quad \text{と} \quad y = -x$$

のグラフを描いて，⑦と⑧の要求に応ずる範囲を調べてみることにしましょう．図8.11 をごらんください．⑦は，$y = x - 1$ よりも小さな y であれ，と要求しているのですから，⑦の条件を満たす範囲は $y = x - 1$ の直線よりも下方の部分です．つまり，図に右下りの斜線を施した部分が⑦を成立させます．また，⑧は $y = -x$ より常に大きな y であることを要求していますから，図の $y = -x$ の直線より上方の部分，図では右上りの斜線を施した範囲が⑧の要求を満たしていることになります．そうすると⑦と⑧の要求を両方とも満たす範囲は，右下りの斜線と右上りの斜線とが重複した部分であり，したがって，この部分が問題の連立不等式(8.18)の解であることになります．

　連立2元1次不等式(8.18)の解は，図8.11 の中に目で見ることができました．しかし，数学の答をグラフで見てください，だけでは数学の答らしくありません．やはり，答を式で表わしたいのですが，どうしたらよいでしょうか．残念ながら，図8.11 の中の解を

Ⅷ 不等式を解く

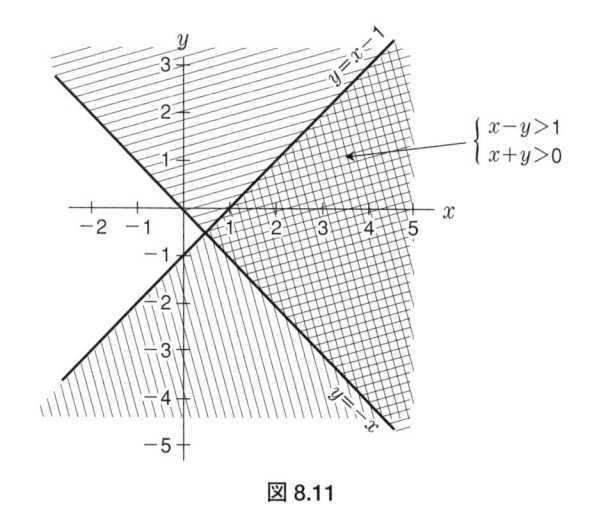

図 8.11

式で表わす方法は

$$\begin{cases} y < x - 1 & \text{⑦} \\ y > -x & \text{⑧} \end{cases} \qquad (8.19)と同じ$$

しかないのです．これではまるで問題そのものではありませんか．もちろん別の形に書くこともできますが，この形よりスマートには書けないのです．ご不満かもしれませんが，よく考えてみると，数学者ではない私たちが数学の問題を解くのは，問題の答を式で表わすためではなく，答を何らかの目的に利用するためですから，グラフで示された答でもじゅうぶんに目的を達するわけです．そのため，式(8.19)のような答よりは，グラフに描かれた答のほうが，中味がわかりやすいだけ優れていると言えないこともありません．

だいぶ前のほうになりますが，51ページに連立2元2次不等式の例として

$$\begin{cases} x + y > 1 & \text{⑨} \\ x^2 + y^2 < 1 & \text{⑩} \end{cases} \tag{8.20}$$

を挙げました．そこでは，式の形と呼び名を説明するのが目的でしたから，式の内容については触れませんでした．改めて，ここでこの連立不等式を解いておこうと思います．

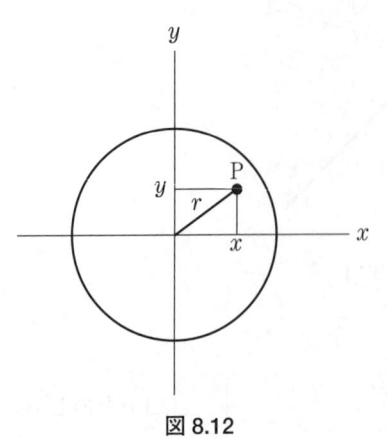

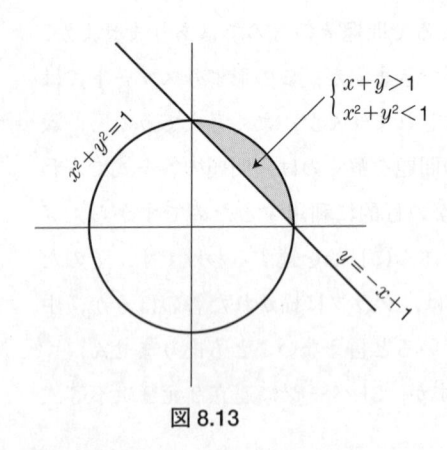

まず⑨のほうは，ちっともむずかしくありません．式を変形すれば

$$y > -x + 1$$

ですから，$y = -x + 1$ を表わす直線より上の範囲が，⑨の要求を満たしていることになります．つぎに，⑩のほうはどうでしょうか．これもたいしてむずかしくありません．図 8.12 のように xy 座標の上に P 点を考え，その座標を (x, y) とすると，原点から P 点までの距離は三平方の定理によって

$$x^2 + y^2 = r^2$$

です．ところが⑩は，この r^2 が 1 よりも小さいことを要求しているのですから，点 P は半径 1 の円の中に

図 8.12

図 8.13

あることを要求されていることになります．つまり，⑩が成立するのは，原点を中心とした半径1の円の内側です．

したがって，⑨と⑩とが同時に成立するのは，図8.13にうすずみを塗った範囲であり，これが連立2元2次不等式(8.20)の解です．

当確のはなし

「方程式のはなし」もすでに200ページを越え，ぽつぽつペンをおかなければなりません．長らく味気ない話に付き合っていただいたのですから，多少はおもしろそうな話題で最後を飾りたいと思います．

かりに有権者が60人いる村で3人の村議会議員を選ぶための選挙が行なわれると思ってください．要一さんは，ぜひ議員に当選したいのですが，何票を獲得すれば当選確実でしょうか．

この問題に，多くの方は20票と答えるにちがいありません．なぜかというと……　当選するためには，3位までにはいる必要があるのですが，3位の票はいちばん多い場合でも20票を越すことはありません．1位から3位までがそれぞれ20票ずつを分けあい，4位以下がゼロというのが，3位の票が最大になるケースであり，1位や2位の票が3位より大きくなっても，4位以下に票がはいっても，3位の票は減ってしまうので，3位の票が20票以上になることは決してないからです．したがって，要一さんが20票を得票すれば要一さんの当選は確実というわけです．つまり，要一さんの得票をxとすると，要一さんが当選確実になるための条件は

$$x \geqq \frac{60}{3}$$

であるとするのが，大方の御意見です．

　この御意見は，正しいように思われがちですが，ほんとうは正しくないのです．要一さんが，20票をとれば，もちろん当選確実ですが，実はそんなに頑張らなくても16票を獲得すれば当選確実となり，どんな場合でも落選の心配は絶対にありません．それは何故でしょうか．

　要一さんの得票を x としてみましょう．そうすると，要一さん以外の候補者は

$$60 - x$$

の票を取り合うことになります．要一さんにとって最も不幸なことは，この $60 - x$ 票を要一さん以外の3人だけが仲良く分け合って，その3人の得票が揃って要一さんの得票よりも大きくなってしまうことです．逆に言えば，要一さんが当選確実になるためには，要一さんの得票 x が，残りの $60 - x$ 票を3人で等しく分け合った票数より大きくならなければなりません．つまり

$$x > \frac{60 - x}{3}$$

です．この不等式を解くと

　　$3x > 60 - x$

右辺の $-x$ を左辺へ移項して

　　$4x > 60$

　∴　$x > 15$

が得られます．したがって，要一さんが当選確実になるための最低

得票数は 15 票より多ければよく，16 票を得れば十分です．

具体的に 1 位，2 位，3 位，次点の得票を分析してみると，3 位と次点が最も競り合うのは，1 位から次点までがすべて 15 票の場合で，この場合には抽選か何かで 3 人の当選者を決めなければなりませんから，15 票を得ただけではまだ当選確実とは言えません．これに対して 3 位が 16 票をとってしまえば，次点はいくら多くても，12 票を上まわることができません．1 位から 3 位までが 16 票ずつを取り，残りの 12 票を次点が独り占めするのが，次点としては最高だからです．つまり，16 票をとれば絶対に当選確実であることがわかります．

一般に，有権者の数を N，当選者の数を n とすると，当選に必要な票数 x は，いままでの考察の結果を応用して

$$x > \frac{N-x}{n}$$

$$\therefore \quad x > \frac{N}{n+1}$$

で表わされます．なるほどと思っていただけたでしょうか．

やっとペンをおくときがきました．「方程式のはなし」などという固いいっぽうの物語りに，辛抱強く付き合っていただいたことを感謝いたします．

付　　録

71ページのクイズの答

　銅線の断面積を$S\,\mathrm{cm}^2$としましょう．そうすると，銅の比重が9であることを考え合わせると

　　　　　長さ1cmあたりの重さ　　　$9S\,\mathrm{gr} = 0.009S\,\mathrm{kg}$
　　　　　この銅線が切れる荷重　　　$3000S\,\mathrm{kg}$

です．また，地上から測って$x(\mathrm{cm})$の位置で銅線にかかる荷重は，その位置から下にぶらさがっている銅線の重さ，そのものですから

　　　xの位置で銅線にかかる荷重　　　$0.009Sx\,\mathrm{kg}$

です．つまり，銅線にかかる荷重はxが大きいほど大きく，気球か何かにしばりつけられている上端で最大になります．したがって，銅線が切れるとすれば，この位置で切れるにちがいありません．これが(1)に対する答です．

　つぎに進みます．xの増加につれて「xの位置で銅線にかかる荷重」が増大し，その荷重が「この銅線が切れる荷重」と等しくなった瞬間に銅線が切れるのですから，銅線が切れる瞬間には

　　　$0.009\,Sx = 3000\,S$

です．したがって，両辺のSの影響は消えてしまい

$$x = \frac{3000}{0.009} \fallingdotseq 333{,}333 \ \mathrm{cm} \fallingdotseq 3333\,\mathrm{m}$$

となります．で，銅線の直径は持ち上げられる銅線の長さには影響しないというのが(2)に対する答です．それもそのはず，銅線を太くすると丈夫になりはしますが，ちょうどそれに比例して自身の目方も増えてしまうので，自分で自分自身を支えている以上，太くても細くても同じことなのです．

　(3)に対する答は，すでに5行前に計算されています．銅線は約3333mの

長さをぶら下げると，自分の目方によってぷっつりと切れてしまうのです．

112ページの割り算の別のスタイル

式(5.19)を b についての降べきの順に並び代えます．

$$(-4b^6-3ab^5+2a^2b^4+2a^3b^3+2a^4b^2+a^5b) \div (-b^2+a^2)$$

容赦なく頭から割り算を執行します．

$$
\require{enclose}
\begin{array}{r}
4b^4+3ab^3+2a^2b^2+a^3b \\
-b^2+a^2 \enclose{longdiv}{-4b^6-3ab^5+2a^2b^4+2a^3b^3+2a^4b^2+a^5b} \\
\underline{-4b^6 +4a^2b^4 } \\
-3ab^5-2a^2b^4+2a^3b^3+2a^4b^2+a^5b \\
\underline{-3ab^5 +3a^3b^3 } \\
-2a^2b^4-a^3b^3+2a^4b^2+a^5b \\
\underline{-2a^2b^4 +2a^4b^2 } \\
-a^3b^3 +a^5b \\
\underline{-a^3b^3 +a^5b} \\
0
\end{array}
$$

となり，112ページの割り算と同じ結果に到達します．

展開と因数分解のための公式

1. $(ax+b)(cx+d) = acx^2 + (ad+bc)x + bd$
2. $(x+a)(x+b) = x^2 + (a+b)x + ab$
3. $(a \pm b)^2 = a^2 \pm 2ab + b^2$
4. $(a+b)(a-b) = a^2 - b^2$
5. $(a \pm b)^3 = a^3 \pm 3a^2b + 3ab^2 \pm b^3$
6. $(a+b)(a^2-ab+b^2) = a^3+b^3$
7. $(a-b)(a^2+ab+b^2) = a^3-b^3$

3次方程式の3つの根

1の立方根 $\sqrt[3]{1}$ は，もちろん1ですが，このほかに

$$-\frac{1}{2} + i\frac{\sqrt{3}}{2} \quad と \quad -\frac{1}{2} - i\frac{\sqrt{3}}{2}$$

も1の立方根です．そんなバカな，と疑われる方は，これらを3乗してみてください．ちゃんと1になりますから……．また

$$\left(-\frac{1}{2} + i\frac{\sqrt{3}}{2}\right)^2 = -\frac{1}{2} - i\frac{\sqrt{3}}{2}$$

であるところも，ケッサクです．そこで

$$\omega = -\frac{1}{2} + i\frac{\sqrt{3}}{2}$$

$$\omega^2 = -\frac{1}{2} - i\frac{\sqrt{3}}{2}$$

$$\omega^3 = 1$$

と書けば，1の立方根は，ω, ω^2, ω^3 の3つであることになります．このあたりのことについては，『関数のはなし(下)【改訂版】』189ページあたりをご参照ください．

さて，3次方程式を解く手順の中で
$$y^3 + py + q = 0 \qquad\qquad (6.36)と同じ$$
を解くと
$$y = \sqrt[3]{u^3} + \sqrt[3]{v^3} \qquad\qquad (6.42) + (6.43)$$

になるというくだりがあったことを思い出してください．実は，もっと正確にいうと，式(6.36)を解くと

$$\begin{cases} y = \sqrt[3]{u^3} + \sqrt[3]{v^3} \\ y = \omega\sqrt[3]{u^3} + \omega^2\sqrt[3]{v^3} \\ y = \omega^2\sqrt[3]{u^3} + \omega\sqrt[3]{v^3} \end{cases}$$

となるのです．これを利用して x の値を計算すると，x の値も3つ求まり，それがすべて3次方程式の解となります．

著者紹介

大村　平（工学博士）
おおむら　　ひとし

1930 年　秋田県に生まれる
1953 年　東京工業大学機械工学科卒業
　　　　防衛庁空幕技術部長，航空実験団司令，
　　　　西部航空方面隊司令官，航空幕僚長を歴任
1987 年　退官．その後，防衛庁技術研究本部技術顧問，
　　　　お茶の水女子大学非常勤講師，日本電気株式会社顧問，
　　　　(社)日本航空宇宙工業会顧問などを歴任

方程式のはなし【改訂版】
— 式をたて 解くテクニック —

1977 年 9 月 26 日　第 1 刷発行
1999 年 2 月 3 日　第12刷発行
2014 年 4 月 26 日　改訂版 第 1 刷発行

　　著　者　大　村　　　平
　　発行人　田　中　　　健

検印省略

発行所　株式会社 日科技連出版社
〒 151-0051　東京都渋谷区千駄ヶ谷 5-4-2
電　話　出版　03-5379-1244
　　　　営業　03-5379-1238 ～ 9
振替口座　　　東京 00170-1-7309

Printed in Japan　　印刷・製本　河北印刷株式会社

© *Hitoshi Ohmura* 1977, 2014
ISBN 978-4-8171-9514-2
URL http://www.juse-p.co.jp/

本書の全部または一部を無断で複写複製(コピー)することは，著作権法上での例外を除き，禁じられています．

大村 平の
ほんとうにわかる数学の本

■もっとわかりやすく，手軽に読める本が欲しい！
この要望に応えるのが本シリーズの使命です．

確 率 の は な し (改訂版)

統 計 の は な し (改訂版)

微積分のはなし(上)(改訂版)

微積分のはなし(下)(改訂版)

関 数 の は な し (上)(改訂版)

関 数 の は な し (下)(改訂版)

方 程 式 の は な し (改訂版)

行列とベクトルのはなし

図 形 の は な し

統計解析のはなし(改訂版)

数 の は な し

論理と集合のはなし

数 学 公 式 の は な し

美しい数学のはなし(上)

美しい数学のはなし(下)

数 理 パ ズ ル の は な し

幾 何 の は な し

日 科 技 連

大村 平の
　ベスト アンド ロングセラー

■ビジネスマンや学生の教養書として広く読まれています．

評価と数量化のはなし
実験計画と分散分析のはなし(改訂版)
多変量解析のはなし(改訂版)
信頼性工学のはなし(改訂版)
ＯＲのはなし
戦略ゲームのはなし
シミュレーションのはなし
情報のはなし
システムのはなし
人工知能のはなし
予測のはなし(改訂版)
ビジネス数学のはなし(上)
ビジネス数学のはなし(下)
実験と評価のはなし
情報数学のはなし
QC数学のはなし(改訂版)

日科技連

ビジネスマン・学生の教養書

問題解決のための数学	木下栄蔵
数学のはなし	岩田倫典
数学のはなし(Ⅱ)	岩田倫典
ディジタルのはなし	岩田倫典
微分方程式のはなし	鷹尾洋保
複素数のはなし	鷹尾洋保
数値計算のはなし	鷹尾洋保
力と数学のはなし	鷹尾洋保
数列と級数のはなし	鷹尾洋保
品質管理のはなし(改訂版)	米山高範
決定のはなし	斎藤嘉博
PERTのはなし	柳沢 滋
在庫管理のはなし	柳沢 滋
数学ロマン紀行	仲田紀夫
数学ロマン紀行2 －論理3000年の道程－	仲田紀夫
数学ロマン紀行3 －計算法5000年の往来－	仲田紀夫
「社会数学」400年の波乱万丈！	仲田紀夫

日科技連